THE HEART 心与芯 AND THE CHIP

我们与机器人的无限未来

OUR BRIGHT FUTURE WITH ROBOTS

DANIELA RUS + GREGORY MONE

[美] 丹妮拉·鲁斯　[美] 格雷戈里·莫内 —— 著

江生　于华 —— 译

中信出版集团 | 北京

图书在版编目（CIP）数据

心与芯：我们与机器人的无限未来 /（美）丹妮拉·鲁斯，（美）格雷戈里·莫内著；江生，于华译．北京：中信出版社，2025. 3. -- ISBN 978-7-5217-7305-7

Ⅰ. TP242.6

中国国家版本馆 CIP 数据核字第 2025J2D980 号

Copyright © 2024 by Daniela Rus
All rights reserved
Printed in the United States of America
First Edition
Simplified Chinese translation copyright © 2025 by CITIC Press Corporation
ALL RIGHTS RESERVED
本书仅限中国大陆地区发行销售

心与芯——我们与机器人的无限未来

著者：［美］丹妮拉·鲁斯 ［美］格雷戈里·莫内

译者：江生 于华

出版发行：中信出版集团股份有限公司
（北京市朝阳区东三环北路 27 号嘉铭中心 邮编 100020）

承印者：北京联兴盛业印刷股份有限公司

开本：880mm×1230mm 1/32　印张：8.75　字数：187 千字

版次：2025 年 3 月第 1 版　印次：2025 年 3 月第 1 次印刷

京权图字：01–2025–0440　书号：ISBN 978–7–5217–7305–7

定价：69.00 元

版权所有·侵权必究

如有印刷、装订问题，本公司负责调换。

服务热线：400–600–8099

投稿邮箱：author@citicpub.com

感谢我的家人，他们坚定不移地支持和鼓励我追逐梦想，

这让一切变得不同。

—— 丹妮拉·鲁斯

目录

CONTENTS

PART THREE 第三部分 责任

推荐序 FOREWORD

机器人如何创“芯”？

如何让未来的智能机器人造福人类而不是伤害人类？对我们普通人而言，一是希望机器人有人类之“心”，便于人机交往，实现人机共鸣；二是要求机器人必须遵守诸如阿西莫夫“机器人三定律”之类的底线规则。为此，机器人必须创“芯”，心芯合一，才能真正增进人类的福祉，共同构建未来世界的智能社会。如何实现？这就是《心与芯——我们与机器人的无限未来》所描述和探索的话题。

这本书由著名的美国麻省理工学院教授和创业家鲁斯与科普作家莫内共同创作，他们以引人入胜的风格与方式，向大众展示了机器人与生物人之间，甚至与“魔法”之间的差别如何日益减少；我们将面临什么样的挑战与后果；最重要的是，我们应该如何应对。

我在美国工作的毕业生向我推荐了这本正在美国畅销的科普著作。粗读之后，我认为它值得关注机器人技术、人工智能和智能科技发展的每个人阅读，特别是其中大量一线科技工作者、初创公司、产业领袖的经历和认识，这些内容值得了解，也必须了解。

必须说明的是，这本书表面上并无太多与半导体芯片相关的内容，但隐含了芯片在机器人和人工智能中的作用与要义，这是阅读这本书时应当注意之处。就我个人而言，我对作者在书中，特别是第 13 章中关于未来的三种可能性的讨论很感兴趣，而且毫不犹豫地认同第三种可能，即“人与芯片合作”，或更完整地讲是“人、机、物”全面合作——将来一定是生物人、机器人、数字人［从当下火热的智能代理（AI Agents）起步］之间的合作，最终生成智能社会的广义新人类。

希望读者也能从这本书中获益，更好地了解智能科技和未来世界。

中国科学院复杂系统管理与控制
国家重点实验室主任

导言　INTRODUCTION

我的工作是研制机器人，包括其身体和大脑。当我向人们介绍自己的工作时，通常会引发两种反应。有些人惴惴不安，开起“天网”的玩笑（“天网”是电影《终结者》中虚构的计算机系统，它引发了机器革命），他们想知道机器人何时接管世界。另一些人则询问自动驾驶汽车何时能送他们上班。

对于第一类人的问题，我的回答是“永远不会”；对于第二类人的问题，我的回答是“指日可待”。一场机器人革命正在进行，给我们的社会和生活带来了翻天覆地的变化。目前，在工厂里工作的机器人达310万个，创历史新高。机器人的工作包罗万象，比如组装电脑、包装货物和监测空气质量等。更多奇思妙想有待转化为应用，我们正处在这一过渡期。机器人不会抢走我们的工作，反而会增强我们的能力、提高我们的工作效率和精确性。如果这场革命得到正确、明智的引导，智能机器就有可能像犁一样，大幅提高人类的生活质量。

我成长于罗马尼亚，爱读儒勒·凡尔纳的小说，经常想象自己乘坐神奇的交通工具去往遥远的地方。那个年代，我们只有《朱门恩怨》和《迷失太空》这两部电视剧可看。《迷失太空》的剧情主要涉及外星人文化，我却被罗宾逊一家的旅行及其强大的机器人吸引住了，机器人的使命是拯救一家人于危难之中。《迷失太空》和凡尔纳的小说激发了我的想象力，我很快沉迷于机器人之梦。我喜欢和朋友一起打篮球，但球队中数我最矮。面对这种尴尬的处境，大多数孩子都希望自己一夜之间长高，我却想象着制造一双机器人鞋，让我可以一跃而起，来一记扣篮，跳得比他们的个头还高。我们住在喀尔巴阡山的山脚，山谷环绕着特兰西瓦尼亚，此地因小说《德古拉》而闻名。我不记得小时候是否遇到过不死的吸血鬼，在山路上长途跋涉的恐惧却刻骨铭心。徒步可能并没有那么艰难，但对 9 岁的我来说绝对是一种惩罚。我的母亲是物理学家，父亲是计算机科学家。徒步时，我很难跟上他们，于是就想象自己能像科幻小说中描绘的那样，有一双机械腿，或者大地能在我脚下移动，这样我就可以毫不费力地跟上他们大步流星的步伐。

儿时的机器人之梦仍是我现在追逐的目标。如今，这类机器及其增强功能的实现已触手可及。未来，定制机器可以帮助人们完成从基本到复杂的认知任务和体力工作。几十年来，我一直在为实现这个愿景奠定基础，未来在一些组织中悄然而至，包括我的实验室（我是麻省理工学院计算机科学与人工智能实验室的负责人)、其他大学和机构中我朋友的实验室，以及许多高瞻远瞩的公司。机器人能让我们潜入令凡尔纳着迷的神秘深海去探险，帮助我们探索火星表面，筛选 3 400 万英里*外行星上的土壤。智能机器可以代我们修剪草坪、担任我们的私人教练、耕地、挤牛奶。尽管还没有人研制出能让我扣篮的机器人鞋，但这个目标已经越来越近了。我还在研究与运动相关的其他增强功能，包括嵌入人造肌肉的可穿戴机器人运动衫，它能提高运动员的训练水平。我想打出更漂亮的网球正手击球，但如果你的目标是精进高尔夫球技术，我们也可以设计出机器人帮你实现。

我儿时的梦想随着我的成长变得更大胆。堵车时我会思考：要怎么设计才能按下按钮让汽车升空。在更大胆的想象中，我干脆弃车而去，穿着带翅膀的外骨骼或机器人服，像我最喜欢的超级英雄钢铁侠一样飞着去上班。我可不怕承认自己是电影《钢铁侠》的粉丝。通过这个傲慢、迷人、具有超能力的独特角色，托尼·史塔克及其技术密集的、人工智能增强型外骨骼将机器人技术的巨大潜力体现得淋漓尽致。他利用自己的智慧和创造力，特别是人工智能、机器人学、电子学、航空学和设计艺术的知识，来变换形态。他的力量源于自己的大脑，而非某种神奇的蜘蛛咬伤或宇宙碰撞。在我心中，钢铁侠是最厉害的超级英雄。

要研制出钢铁侠的战甲，我们的能力还远远不够。我不会痴心妄想，不久的将来有人会穿上它风驰电掣般移动。但这个

---

* 1 英里 =1.609 344 千米。——编者注

虚构人物展现了一种可能性——如果我们能有效利用热情、智慧和集体资源，通过技术手段增强人类的能力，丰富人类的体验，未来会变成什么样子。钢铁侠也揭示出其中的风险，他提醒人们：机器人技术非常强大，其研发责任不应赋予任何个人或团体。我们要确保机器人造福芸芸众生。我期待有一天，人人都能利用机器人的增强功能成为超级自我。手机曾是少数富人的专属奢侈品，现在，数十亿人每天都在用智能手机获取即时信息、与他人即时沟通，人们的生活质量因此得以提高。我相信机器人的发展也将遵循同样的轨迹。

我虽然是一个梦想家，但也会全身心地投入日常研发工作，将漫画书和白日梦里的机器人带入大众的生活。与所有人一样，我了解机器人的局限、风险、危险和潜力，但我难以抑制追逐梦想的热情与兴奋，因为我目睹了未来的形成过程。我建造的智能机器可以爬行、走路、跳跃、开车、治疗、游泳、清洁、变形、思考和飞行。我了解机器人的工作原理，知道它们今天、明天和未来几年能做什么、不能做什么。

听到“机器人”一词，大多数人会想到金属材质的人形机器人，但智能机器的种类繁多，制造材料也不一而足。我们制造了软体机器人、微型机器人和变形机器人。研究人员正在利用生物细胞设计机器人。从蜜蜂机器人到家具机器人，我们可以将建筑和自然环境中几乎所有的东西都变成机器人。几年前，我的学生因阳光太耀眼无法看清计算机屏幕，我们就设计制造了一个随太阳移动的百叶窗机器人。我希望本书能帮助你像机器人专家一样看待世界，发现类似的机会，创造性地解决大大小小的问题。我的目标是在我的愿景与对该领域现状的客观评估之间保持平衡，研究技术的不足之处及原因所在，研究需要克服哪些挑战才能充分利用各种机会，以及在此征程中我们应承担的社会责任。我是一个乐观主义者，但乐观的同时也肩负着很多责任。这是一项影响深远的工作，所有人都必须考虑实现这些技术的后果。我们必须确保机器人和人工智能为更崇高的利益服务，让所有人都有机会从技术支持的未来中获益，因而要深入思考各种隐患，未雨绸缪，为避免伤害或损害制订解决方案。

首先，我要澄清一个常见的误解。尽管你通过电影或互联网了解到一些有关人工智能的信息，但机器人并没有变成神奇、全能的独立实体。在科幻小说中，智能机器常被暗示为令人恐惧的邪恶力量，总有一天会反抗创造它的人类，但事实并非如此。

机器人是工具，本质上并无好坏之分。锤子也没有好坏之分。我们可以将新一代非凡的机器视为高级锤子，其影响和价值取决于我们的利用方式。我们可以选择做一些了不起的事情。比如：与机器人合作研制更有效的药物；进一步提高交通的安全性和效率；将那些对人类来说过于危险或困难的任务交给它们；让机器人进行同声传译，甚至让它们赋予我们超能力。

是的，机器人可以赋予我们超能力。我是一位非常自豪的机器人研发者。过去 10 年，机器人领域取得的成就令人叹为观止，但未来 20 年的征程会更加激动人心。确实，我们只是刚刚起步。人工智能近几年的突破性进展仅仅是一个开始。与人类相比，机器人仍然很落后，研究这些技术只会让我更敬佩人类智力和身体的奇迹。歌剧演员高昂的歌声，芭蕾舞演员轻盈的舞姿，荡气回肠的诗歌散发的无与伦比的美，以及将自然法则简化为几个相互关联的变量的简洁之美——如此伟大的成就仍将由人类创造。研究人工智能和机器人让我对人类非凡的认知力、想象力和创造力，尤其是身体能力有了更深的了解。在很多事情上，我们做得都比机器人好，但在某些领域智能机器超越了人类。凭借强大的芯片，机器能以人类望尘莫及的速度查找和处理海量数据，以极高的精确度重复执行特定任务，但即使是最先进的机器智能也缺乏智慧、知识和理解力，无法灵活应对不确定性或不可预测的变化。它们可以模仿艺术，但创造力远不及艺术家。机器创造的绘画作品或许很像毕加索的作品，但未来不会出现毕加索机器人，也不会出现引导社会风潮的机器人，产生诸如立体画派这类新的、开创性的表达风格。目前，人工智能驱动的写作程序可以生成看似可靠的文本，这些文本甚至与人类的作品不分伯仲，但写作程序无法洞悉神秘的人类状态，创造出伟大的传世之作。未来不会出现人工智能莎士比亚或托尔斯泰。机器人的能力超凡，但在许多领域都不达标，它们缺乏内在的、与生俱来的人文关怀意愿。简言之，它们是没有心的。

我们经常制造人类与机器人、心与芯片之间的紧张关系，其实我们应该着重思考如何与机器人合作，充分发挥各自的优势。人类主导着这项技术的设计与应用。机器人和人工智能将产生怎样的影响取决于我们。当我们专注于融合机器人与人类的优势，或者人与芯片的协作时，结果可能会出乎意料。几年前，研究人员进行了一项实验，让受过训练的人与定制机器一起研究淋巴结细胞图像，确定哪些是癌，哪些不是癌。[1]结果，机器的错误率为 7.5%，人的错误率为 3.5%。人类的智能仍高于机器。但更令人欣喜的是：人在机器的协助下工作时，错误率降至 0.5%，这意味着诊断的准确性提高了 80%。

想象一下，未来每位医务工作者——包括农村小诊所的医生——都可以获得这类解决方案，结果会怎样。忙碌的医生没有时间查看每项新研究和临床试验，但与机器人协同工作，医生就能为患者提供最先进的诊疗方案。类似的机器人及人工智能增强技术可以应用于几乎所有的专业领域。我的目标是帮助你了解人类和智能机器之间的本质区别，了解如何与机器人密切合作，以及为何要与之密切合作，将人机结合的优势引导到大众福祉上，为全人类创造更美好、更令人振奋的未来。

我重点介绍的技术来自三个相互关联的领域。第一个领域是**机器人学**，它通过为计算系统提供物理的、可移动的“身体”来执行指令。想象一下，你的智能手机有轮子、翅膀甚至有一只手会怎样。第二个领域是**人工智能**，它在非常具体的专业领域赋予机器推理和决策的能力。例如，国际象棋比赛就是我们所说的“弱人工智能”的例子，该形式在目前占主导地位。通用人工智能，也就是电影中的全能机器人，仍是一种遥远的可能性。例如，像国际象棋大师一样下棋的任务导向的人工智能无法驾车通过十字路口，也无法帮助机器人挑选厨房工作台上的咖啡杯。

第三个领域是**机器学习**，它涉及机器人学和人工智能，研究大量数据存储，寻找模式，以一定的置信度做出预测或得出结论。通过机器学习，程序能扫描数百万张树的图像，然后观察世界，识别从未见过的树。在前面说的放射学例子中，机器学习系统识别出某种模式，该模式与之前在淋巴结细胞图像中识别到的模式相似。这并不意味着此人患有癌症，但它会让医生更深入地研究某些扫描结果，缩小误差范围。“人工智能”已成为商业和市场营销的流行词，人们经常将它与“机器学习”混为一谈。你可以将机器学习看作一种模式识别系统，它服务于人工智能，帮助人工智能做出更高级的决策和推理。机器学习和人工智能的不足之处在于，它们无法理解癌症或树的实际含义。

本书会让你对这些相互关联的领域有一个基本了解，它简要总结了机器人能做和不能做的事，以及我们应该借助它们做什么，不应该借助它们做什么。我们的社会与智能机器的联系日益紧密，本书告诉我们，必须采取哪些行动确保它们对人类产生积极的影响。我希望你能更深入地了解这些技术的工作原理及其改善人类生活的方式。最后，我希望本书能激励你构建自己的梦想，想象未来人与芯片合二为一的情景，想象什么样的机器人和智能系统能惠及自身以及全人类。

童年的我最喜欢代达罗斯的神话故事，他是伟大的发明家，制作出了能翱翔于天空的翅膀，克服了将我们束缚于地球的重力。他的设计方式非常巧妙，翅膀是用蜡做成的。后来翅膀融化了，他的儿子伊卡洛斯坠落下来。我不喜欢故事的结局，但其余情节都非常鼓舞人心。很小的时候，我就开始想象如何超越人类的生物局限，做一些力所不能及的事情。后来，我幻想能像蜘蛛侠一样攀爬高楼，像钢铁侠一样飞行，像魔形女一样变形，像神奇四侠中的隐形女一样隐身，或者像超人一样强大。这些超能力似乎是我们梦寐以求的，但一直停留在故事书里。机器人和计算技术可以让我们拥有这些非凡的能力。机器人独立行动并完成任务，为人类节省了时间。我们可以与之合作，以增强感知，扩展影响范围，提高精确度、力量以及处理和响应大数据集的能力。机器人还可以赋予我们全新的能力，这在过去几年里似乎是无法实现的目标。我们可以创造性地利用数学模型、算法、巧妙的设计、新材料和机电组件，这些元素组合在一起就会创造奇迹。

机器人确实可以赋予我们超能力。

我们的探索就从这里开始吧。

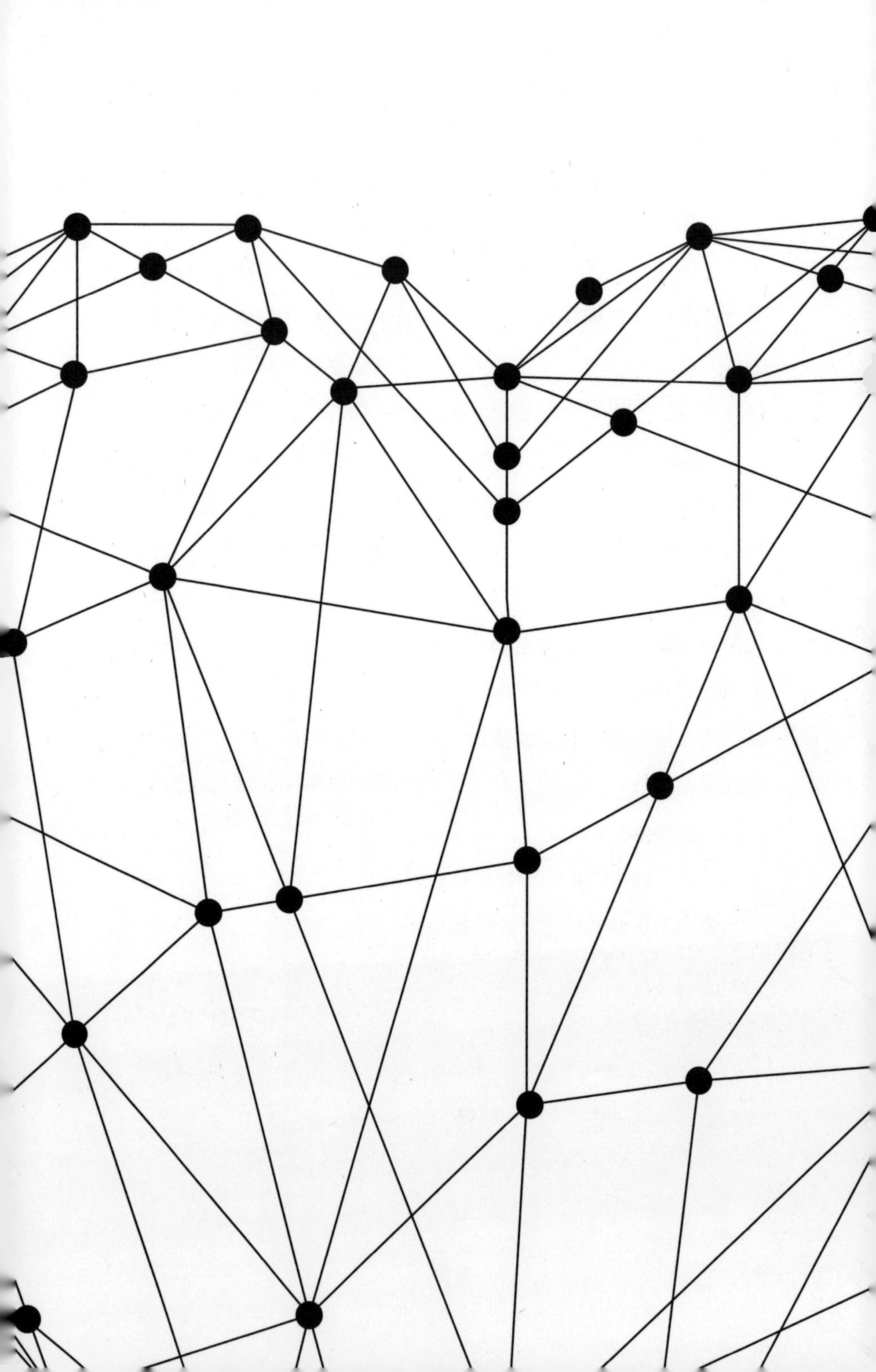

PART ONE

梦想

[第一部分]

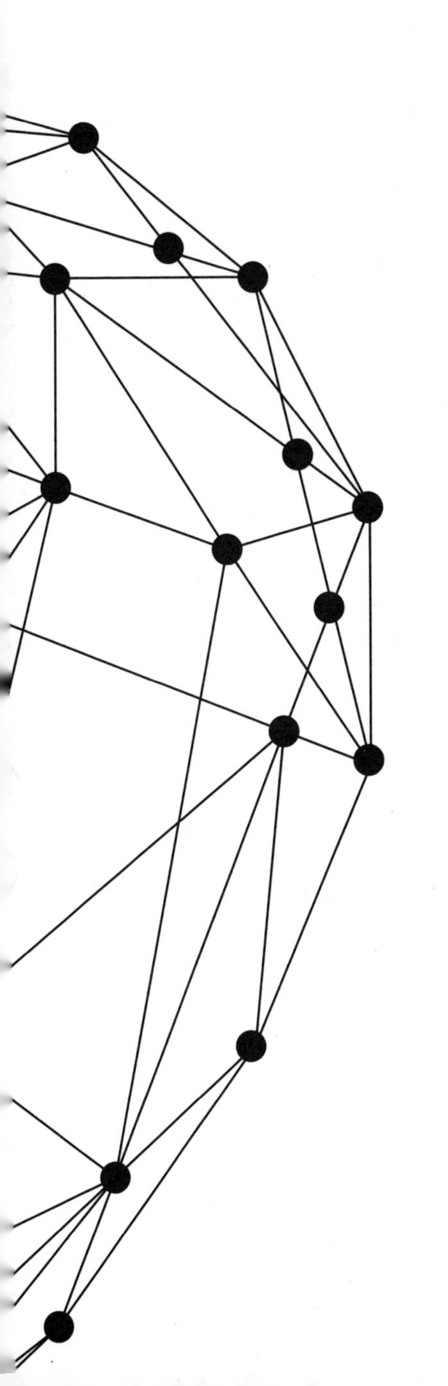

第 1 章 CHAPTER I

力量的延伸

不久前，我参加了一场在五角大楼召开的会议。会议开了整整一天，即将结束时，我在儿时对机械腿和机器人鞋的憧憬再度浮现。(我还就人工智能、机器学习和机器人问题向领导者提出了建议，并进行了宣讲。) 我虽然很认同虚拟会议的效率，但更喜欢面对面的互动，这是我期盼已久的一天。主办方安排我和同事与各领域的官员开了 12 场不同主题的会议。五角大楼是世界上最大的低层办公楼，内部走廊长达约 17.4 英里。国防部认为，人们有可能在 8 分钟内步行穿越楼内距离最远的两点，但他们必须让健步如飞的人来进行测试。[1]

那天，我们的会议室分散在办公楼的不同区域。我和同事不得不按会议时间表，一路小跑从一个区到另一个区。最后一场会议进行了 45 分钟，与重要联系人交流了 15 分钟后，会议终于结束了。我们预订的飞往波士顿的航班还有一个多小时就要起飞了（那是当晚最后的航班)。我们叫的车在离大楼另一端很远的停车场等着我们，我们还得到另一间会议室取行李。

于是，我们跑了起来。

我的同事体格健壮，身轻如燕。我平时健身，每周慢跑一次，每次跑约3英里，但这次是短距离冲刺，我还穿着高跟鞋。对我来说，穿高跟鞋运动不在话下（稍后会详细介绍），但我肩上背着两个包，正忙着拎起另一个手提箱。箱子更沉，连轮子都没有。(如果它有轮子，我可能会添加一个发动机、几个传感器和一些计算单元，将其转换成自动驾驶手提箱，让它跟着我飞奔。）在五角大楼大厅里一路小跑时，我梦想着机器人帮我化解困境。

鞋子是首先要增强的元素。弹性或减震材料能像弹簧一样压缩和储存能量，如果我用它们做材料，在我飞奔时，受压的鞋跟便会膨胀，释放储存的能量，让我的每一步都能弹离地面。我不认为鞋跟产生的力量能让我完成扣篮，或一跃而起，跳得比大厅里行人的肩膀还要高（在五角大楼里这么做也不合时宜)，但它可以加大我的步幅，让我更容易跟上高大魁梧的同事。

然而，我真正需要的是一个能帮我携带行李的装备，让我在体力尚存的情况下跑完全程。我需要一个柔性的、可穿戴的全身机器人，它可以穿在外套里面，甚至能兼作商务服。当时我如果穿着它，就可以和同事一起冲刺，不费吹灰之力地到达停车点。而事实是，我们冲出大楼，及时赶到机场，搭上了飞机，但我已经筋疲力尽了。

那天我所想象的机器人类型被称为“外骨骼”。这些可穿戴机器（是的，你可以像穿外套一样穿上一个机器人）配有电动关节，可以增强或提升用户的力量。外骨骼通常被描述为战斗机器，但其日常应用的潜力更令人振奋。我认为，在生活的许多领域，可穿戴机器人都是增强力量和耐力的一种方式。它们当然可以帮助士兵搬运重物，但也可以帮助老年人重获随年龄增长而流逝的力量和体能。

外骨骼可通过电动机、气动装置、液压装置或杠杆来提供动力，它作用于四肢，可增强你的力量或耐力。就人体而言，是肌肉带动骨骼活动。身着可穿戴机器人，电动机可以完成肌肉的部分工作。

机器成为机器人的决定因素是什么？首先要明确的问题是：机器人是什么？以下是我的定义：

机器人是一种可编程的机械设备，它从周围环境中接收输入信息，处理所获取的信息，然后根据输入信息采取物理行动。

我的好友、牛津大学的机器人学家与医学成像权威迈克尔·布雷迪爵士将机器人称作“感知与行动的智能连接”，他喜欢引用机器人和人工智能专家大卫·格罗斯曼的话，称其为“令人惊叹的有生命的机器”。换句话说，机器人是能够遵循并重复以下三个步骤的机器：

（1）感知

（2）思考

（3）行动

也就是说，（1）机器人要能通过摄像头、麦克风、力传感器或其他传感设备收集有关世界的信息；（2）机器人要能处理这些信息，制订计划或做出反应；（3）机器人要能执行行动。运作正常的机器人需同时满足这三个条件。

即使受控于人，外骨骼仍有资格被称为机器人。这些可穿戴机器具有智能和一定程度的独立性。外骨骼的骨架包裹着用户全部或部分身体。骨架里的传感器监控用户的动作，服装里的计算机大脑会决定如何帮助用户。

假设我穿着外骨骼上衣，想要举起哑铃。我开始承重时，外骨骼中的传感器会感受到肌肉的张力，将反馈信息传递给衣服里的处理单元（机器人的大脑）。接着，计算机大脑会制订一个计划，以最优的方法帮我完成任务，并指示外骨骼手臂里的致动器（或人造肌肉）施加所需的推力或拉力。随后，外骨骼要么帮我举起重物，要么承担部分重量，减轻我的肌肉压力。我不必告诉机器人该做什么——机器人会感应我的动作，猜测我想做什么，制订计划并采取行动。

这种“感知–思考–行动”的循环让可穿戴机器成为机器人。

在1959年的小说《星河战队》中，科幻小说家罗伯特·海因莱因介绍了外骨骼。小说中，士兵身着战甲与外星人作战。几年后，超级英雄钢铁侠首次出现在漫画书中。可穿戴外骨骼的概念在现实世界并未取得长足的进展，却在科幻小说中不断演化。《异形》中西格妮·韦弗饰演的角色所穿的机甲服是电影界的标志性外骨骼，这种外骨骼主要用于工业作业，但她穿着它是为了与致命的怪物搏斗。

外骨骼在科幻小说的世界中不断演化，实际的研究也断断续续地进行着。通用电气开发的哈德曼（Hardiman）是人们开发出的首批现代外骨骼之一。它是 20 世纪 60 年代设计的，目标是帮助用户举起 1 500 磅* 的重物，但其表现不尽如人意，从未有人穿戴它通过真正的测试。此后，机器人专家转而开发轻量、简洁、造型低调的外骨骼，日本公司赛百达因（Cyberdyne）就是一个例子。有趣的是，该公司以电影《终结者》中的公司名称命名，率先推出了 HAL（混合辅助肢体），它是一种协助行走的下半身外骨骼。

尽管钢铁侠的战甲是虚构的，但在过去几十年里，可穿戴机器人领域取得了激动人心的进展。机器人专家开发了 HAL 等下半身外骨骼和上半身外骨骼，协助工厂或建造业中的举重作业及制造工作。如今，部分外骨骼在康复和物理治疗中发挥着重要作用。约翰·霍尔-勒巴赫在犹他大学创建了一个前沿实验室，探索如何利用机器人帮助脊髓损伤或其他病患重获行走的能力。[2] 患者用背带将机器人连到身体上，在机器人骨架的帮助下在定制的跑步机上行走，环绕式屏幕让他们沉浸于虚拟环境中，犹如行走在林间，而不是实验室。同样，在宾夕法尼亚大学医学院米歇尔·约翰逊的康复机器人实验室里，研究人员利用机器人缩短中风患者和其他患者的功能康复进程。[3] 哈佛大学的康纳·沃尔什致力于下一代可穿戴软体机器人的开发，以

---

* 1 磅 =0.453 6 千克。——编者注

增强或恢复健康人和残疾人的行动能力。[4]在苏黎世联邦理工学院，马可·哈特及其团队开发了一款活动范围非常大的机械臂，来帮助上肢伤残者。[5]康复机器人的例子有很多，这些只是其中的几个。我们在现实世界看到的情况更接近于《复仇者联盟》中罗德上校的故事线。起初，罗德作为超级战士操纵钢铁侠战衣，一次重伤导致他腰部以下瘫痪，这项技术被重新调整，帮助他重新站起来，他穿上了轻便的下半身外骨骼，再次学会了走路。

我们应优先考虑可穿戴机器人的医疗用途，但我更希望看到外骨骼在平凡的日常生活中发挥作用。我父亲年事已高，但生活非常独立。在他 84 岁那年的 5 月，他在菜园里劳作，想安装一道防鹿栅栏来保护他种的菜。他制订了计划，材料也准备好了，只是没有体力和耐力安装。于是，他打电话叫我和我丈夫过来帮忙。我们欣然前往，与父母度过了一个愉快的下午。但我了解父亲，他更希望自己亲力亲为，只是心有余而力不足。他如果能穿上一款柔性外骨骼，就能自己完成这项工作。这套衣服不会让他变成钢铁侠或绿巨人，但会赋予他中年时的体力和耐力。栅栏安装好之后，他很可能把我们叫回家炫耀他的劳动成果！

就我个人而言，我希望在不太累的情况下走得更远，跑得更快。工作中，我着重思考的是尚未问世、正在研发的应用，也许它们就在下一个拐角或下一座山头。我希望看到像衣服一样的外骨骼：轻软、柔韧、美观、低调，穿上它不会引起任何人的注意。

这与好莱坞向我们灌输的机器人形象迥然不同。人们认为，可穿戴机器笨重、僵硬、坚固、无法弯曲，移动起来呆板得像跳机器人舞。坚硬的材料确实可以建造更强壮的机器人，但较重的框架以及移动所需的较大的发动机也会消耗更多电力，会在很大程度上限制运行时间。然而，这就是21世纪00年代末外骨骼研究领域的状况——大家都在努力实现科幻小说作家描绘的愿景。

但我们转变了研究方向。如果不去制造笨重而僵硬的服装，而是尝试建造更柔软、高效的可穿戴机器人，就好像它们是为人类量身设计的，结果会怎样？研究人员开始利用硅和导电纤维编织柔性材料，使服装更柔韧、轻便、易穿着。更接近于肌肉的部件取代了金属材料和电动关节，但这些可穿戴机器仍然是机器人。尽管刚度和材料发生了变化，但“感知–思考–行动”的循环仍然适用。区别在于，驱动反馈循环的大部分技术是柔性的。

在我想象的未来中，我们的衣服不只有柔性外骨骼，还能监测肌肉和生命体征，从而增强我们的能力，提醒我们注意健康问题，防止跌倒，等等。例如，衬衫可以变成一个可穿戴听诊器，聆听你器官的声音，在疾病出现之前提醒你潜在的问题。我设想的可穿戴机器人足够轻薄，类似技术升级版的秋衣秋裤。另外，我希望能买到现成的可穿戴产品，就像买到新夹克或牛仔裤一样。

我喜欢购物，我们就从购物开始吧。

想象一家很像特斯拉展厅的商店。

你走进店里，在销售人员的帮助下，通过触摸屏或全息显示器查看各种外骨骼选项。其中一些是下半身柔性机器人，可以帮助你走得更远或跑得更快。还有一些是上半身外骨骼，能增强手臂、背部或胸部的肌肉耐力，甚至帮你训练你最热衷的运动项目。也许你需要一个全身外骨骼，它能协助你的所有活动，从脚延伸到腿和躯干，再到手臂，如果你还需要增强握力，它可以直接延伸到手。

选好型号后，你会进入全身扫描仪，几分钟内便可获得精确的测量结果。测量结果会传送到制造工厂，你的定制外骨骼将由计算纤维编织而成。这些复合纺织品具有导电性，能检测温度、应力（推力或拉力）、声音，甚至特定的生物分子。它们可以发送、接收和存储信息。* 你如果心血来潮，觉得另一种颜色更能表达你的心情，想将素净的衬衣换成红色，衣服就会变色。如今，这些纤维的其他形式已经问世。我所说的增强版服装中包含传感器、人造肌肉和计算单元，当你活动时，衣服就会根据情况发生改变。这些部件都是由柔性材料制成的，因而你不会像机械战警那样跺着脚走路，也不会像战甲中的钢铁侠那样发出叮叮当当的声音。这样的新装不会马上做好，但你无须等待数月，甚至几周都用不上。在 24 至 48 小时内，你就可以回来领取新衣。

* 美国先进功能织物联盟（AFFOA）正在将这些技术商业化，以振兴纺织业。

我们可以将这次体验想象成去裁缝店做衣服的21世纪版本。

刚开始，你的新装会比较被动。它通过分布在衣服上的传感器收集你的体温、肌肉、骨骼位置、一般运动及其他互动数据。机器学习系统根据这些数据分析出模式，将模式转换为身体运动模型。中央系统可能会在人群中收集数据，因为通常数据越多，产生的模型越好，但你仍可以控制自己的数据和模型，它们存储在具有差分隐私（differential privacy）* 保障的数据库中。系统对你的行为和健康状况越来越熟悉，衣服的功能也随之增强。

可穿戴机器人可以充当你的监护人。思考一下防抱死制动系统，它可以监控汽车轮胎和道路之间的滑移。可穿戴机器人可以起到类似的作用，利用所学模型以及传感器捕获的身体测量数据，在你处于异常活动状态（例如，即将跌倒）时进行自动调整。可穿戴机器人可以监测哮喘易感者的呼吸，一旦发现哮喘发作的信号就发出警报。可穿戴机器人能够追踪你的肌肉活动，预防或自动助力有背部拉伤风险的动作。服装使用内置、柔软但结实的人造肌肉，可减轻你的负担，承担一些搬运重物的工作。

接下来我想讲讲，可穿戴机器人对我的正手击球有什么用。

我喜欢打网球，但工作越来越忙，练习时间日渐减少，我

---

* 差分隐私是一种保护个人数据的严密的数学方法。大致而言，它允许中央智能在大数据集里分析和查找模式，但无法判断与某人相关的数据是否包含在该数据集里。因此，在这种情况下，系统可能会收集、查看庞大的总体运动数据，但无法知晓或确定你的运动数据是否包含在该数据集中。差分隐私能让我们在个人隐私不被侵犯的情况下利用大数据集的优势。

的水平下降了。可我仍然热衷于这项运动，希望有机会提高球技。我是一名计算机科学家，这并不意味着我在网球运动方面没有好胜心。我希望自己的击球百发百中！运动衫或者全身套装可以充当运动助理或教练。我们必须聘请技术精湛的球员(我想拥有塞雷娜·威廉姆斯那样的击球技巧)，在可穿戴机器人的协助下高强度地练习击球。我们需要一个视觉系统来追踪来球路线和旋转方式，以及球员挥拍时网球撞击球拍的方式。该系统可以安装在用户身上，也可以安装在球场某处的独立平台上。当视觉系统追踪网球的飞行路线和撞击时，可穿戴机器人会监控、跟踪网球运动员训练系统的动作。只要击球次数足够多，我们就可以用相关数据创建一个模型，以正确的方式确定腿脚的位置、手臂的摆动幅度以及手腕的转动角度，调整球拍角度，打出完美而精准的回球。我们会创建一个丰富、详细的模型来展示塞雷娜的正手击球。

有了模型，我们就可以将它输入可穿戴机器人，协助业余选手训练。我能想象，练习时，柔性的、可穿戴机器人会推动我完成正确动作——它并没有控制我的挥拍动作，而是使用灵活的小块人造肌肉推高我的手臂，加大我手腕的转动幅度，或者略微调整我球拍的击球位置。我仍需要练习，但是训练效率会更高，效果也更显著，因为我的每次击球都得到了史上最好的网球运动员的指导。最终，我将能够再次打出精准的球，重新找回对这项运动的热爱，实力碾压我的学生（现在他们的击球比我更快、更准)。

可穿戴机器人不会赐予我们超人的力量，我们无法变成绿巨人。截至目前，我主要探讨的是人类力量的弱项，事实上，在某些情况下我们会用力过猛。比如，当工作涉及精致或易碎物体时，可穿戴机器人可以精准调和或削弱我们的力度。更宏大的想法是，智能机器以意想不到的方式强化人类已有的能力，我们可以将其应用于各种场景。比如，在五角大楼开会那天，会议结束后仓促赶飞机时，倘若我身着一套可穿戴机器人，应对起来就会轻松自如。

当把外骨骼穿在普通商务服里面时，我可以选择长及脚踝的衣服，但手套就不需要了。开会时让人冒汗的可穿戴机器人没多大用处，因此材料要配备温度传感器和自动开合的微孔，使其在高温下更透气。当需要跑着搭车赶往机场时，我可以通过嵌入材料的界面或手机启动衣服。更先进的设计是，我一跑起来，衣服就能自动感应。

通常，我们跑步时，大脑和神经系统会协调肌肉纤维的收缩和扩张，从而拉动或放松内骨骼结构的组成部分，也就是我们的骨头。机器人外骨骼不会完全接管这项工作，而会通过遵循熟悉的反馈循环（感知 – 思考 – 行动）来减轻一些工作量和体力。哈佛大学的罗布·伍德是我的朋友和合作者，他开发了一种薄型的柔性应变传感器，它们可以管理反馈回路的第一部分。[6] 它们比一张活页纸略厚些，只要施加一点儿压力就会转化为电阻。如果将数百个这样的传感器编织在可穿戴机器人中，传感器将测量结果源源不断地传输到中央计算机，即可穿戴机器人的大脑，那么这个人造大脑就能创建并监控可穿戴机器人的压力图。大脑会将传入的数据流与之前构建的模型进行比较，那些模型是我以前跑步和训练时传感器获得的结果。于是，系统得出结论：我开始慢跑了。要如何响应、是否为我提供帮助取决于可穿戴机器人的决策引擎。我们先假设我开始跑步时，衣服会感知到变化并采取行动。

慢跑时，微小的肌纤维束会扩张和收缩，让我的内骨骼动起来。在我感到疲惫之前，衣服会激活人造肌纤维束。随着我的施力，这些人造肌肉可以像真正的肌纤维一样扩张和/或收缩，这会减轻身体的部分压力，让我赶到停车场时，脉搏只是略微加快，几乎不觉得累。也许，穿着这样一套衣服穿越五角大楼时，我会给同事留下深刻的印象。

为了实现这一目标，我们需要开发像上述传感器一样轻薄、柔软且节能的人造肌肉。20 世纪 90 年代和 21 世纪初，该想法就像钢铁侠的战衣一样虚无缥缈。我们正在尝试开发人造肌肉，它只是辅助我们的肌肉，不必接管所有工作，这项任务较易实现。如果我们的目标是抬起汽车，就需要不同的设计。但如果只想长途搬运行李箱，那么这样的设计是可以做到的。

新型人造肌肉最有前景的设计是折纸技术。日本的折纸艺术属于数学内容丰富的领域，广泛应用于机器人技术。[7] FOAM（受折纸艺术启发的流体人造肌肉）由柔性的硅皮肤组成，它覆盖着类似手风琴的压缩和膨胀材料。[8] 空气注入皮肤时，手风琴状的肌纤维及其内部骨骼会膨胀；空气排出时，皮肤和骨骼会收缩到不足原始长度的10%。总的来说，它们产生的强度重量比高达1000∶1。因此，人造肌肉很轻薄，可以叠放在纺织品中，但足够坚固，能协助人体移动。

早期外骨骼的缺陷是传感器和电机过重，可穿戴机器人必须插入电源，因为电池无法长时间维持其运行。在现代外骨骼中，柔性传感器和致动器的重量和功耗可以忽略不计，因而我预计可穿戴机器人不会比普通服装更重。电池也可以很轻。能源收集装置可调用和存储行走或骑行时产生的电力。我们还可以在薄如纸张的太阳能电池上分层。目前，太阳能电池的功率密度较低，无法满足这种可穿戴机器人的需求，但毫无疑问，未来几年情况会得到改善。以前的计算机体积很大，占据整个房间；现在，装在口袋里的设备，处理能力比大容量存储阵列更强。我们会找到一种有效的方法为可穿戴机器人供电。

柔性可穿戴机器人的构想看似不切实际，但它的许多关键部件已经被制造出来了。只是这项技术还不够先进，无法有效利用。薄型传感器和FOAM致动器只是原型，需要将其产品化。我们还可以制造电子纺织品，但电力部门任重道远。我们还要继续开发，赋予服装先进的加密技术和其他安全措施，确保犯罪分子无法侵入。这些都是可解决的问题。力量增强型可穿戴机器人具有广泛的潜在影响，这将使这方面的技术工作和投资更有价值。

柔性外骨骼不仅能帮人们赶上去机场的车，其变体还可以在建筑、农业、文化、体育等需要力量或耐力的应用领域发挥作用。美国政府机构资助外骨骼研究，不是为制造自己的钢铁侠战甲，而是为减轻士兵的负担。士兵在航空母舰或军事基地甲板上要背负重物或移动设备。这类服装也可减轻各行各业劳动者的肌肉和骨骼压力，降低重复性压力损伤及长期负重引发的风险。总部位于波士顿的初创公司 Verve 让仓库工人穿上可穿戴柔性外骨骼，使得 20 磅的箱子对工人来说只有十几磅重。[9]

建筑行业有使用外骨骼的需求，它们可以帮助工人举起重物、下蹲和完成重复性高空作业，例如扛着钻头作业，这是一项极其费力的工作。外骨骼可以让这类任务变得更轻松。可穿戴机器人能减轻疲劳，提高工人的工作效率。工业协作机器人的设计和研发旨在使其与人类协同合作，增强人类的力量和能力。事实上，我们已经看到了它们的影响，只不过这一概念尚未广泛应用于工厂之外。

我亲自研究了机器人对工厂工作的潜在影响。[10]一次，我和我的学生去参观制造工厂，看到装配线上的工人在抛光、打磨各种飞机部件。所有精密模制部件都需要打磨光滑。这种工作需要人类的灵巧操作，以及较高水平的决策和判断，这对自主机器人来说太难了，但对从业者来说也不简单。将打磨工具压在部件上时，手和手臂不断振动，可能会让人受伤。柔性机器人手套可以智能消减振动，通过向打磨工具施加必要的力量来减轻压力，从而辅助工人的操作，延长其职业生涯。外骨骼能让体能受限者完成原本无法完成的任务，这在一定程度上让所有人在工作选择方面享有更加平等的权利。

在工厂或仓库之外，力量增强型可穿戴机器人也有很多潜在的应用。为初高中生设计的智能书包可减轻笔记本电脑和教科书带来的负担，降低学生们背痛或受伤的风险。假如可以利用可穿戴机器人，我父亲不仅能自己建造菜园围栏，还能做更多事情。例如，穿上可减轻行走困难的可穿戴机器人，父母就能再次体验我童年时全家长距离徒步、一路欢笑的美好时光。力量增强型可穿戴机器人可以打破肌肉和骨骼老化带来的局限，让老年人感觉自己重返青春。

技术前沿领域还有很多工作要做。当思考人与芯片的关系时，我们不将二者视为对立的力量，而是将二者视为合作伙伴，未来的可能性就展现在眼前，这些机器人就是完美的例子。它们表明，我们如果利用独特的创造力和解决问题的才能，肩负起社会责任，将技术引导到新的方向，甚至将感官扩展到未曾探索的世界，可以取得怎样的成就。

第 2 章　　CHAPTER 2

感知的延伸

几年前，在麦克阿瑟基金会研究员会议上，我与生物学家罗杰·佩恩成为好友。罗杰于 2023 年去世。他发现座头鲸会唱歌，声音可以传到大洋彼岸，这一发现让他闻名遐迩。我一直对鲸鱼和海底世界着迷，是狂热的水肺潜水者和浮潜爱好者，非常喜欢罗杰的讲座。事实证明，他对我有关机器人的演讲也同样感兴趣。

“怎么才能帮到你？”我问他，“我可以为你造个机器人吗？”

罗杰说，有机器人当然很好，但他真正想要的是能附在鲸鱼身上的胶囊舱，这样就可以与这奇妙的生物一起潜水，真正体验融入海底世界的感觉。我提出了一个较简单的建议，我们可以从探索机器人如何协助他工作开始。

我们初次见面时，罗杰的鲸鱼行为研究已持续了几十年，其中一个项目是长期研究南露脊鲸群的行为。这些大型哺乳动物身长 15 米左右，嘴巴长而弯曲，头上长着胼胝。罗杰在阿根廷瓦尔德斯半岛的海边建了一个实验室，半岛位于咆哮西风带，寒冷、多风、气候恶劣，不适合人类居住，却是南露脊鲸的青睐之地。每年 8 月，它们都会聚集在海岸附近交配、产子。2009 年，罗杰邀我去他的实验室，这是我无法抗拒的邀请。

那时，罗杰在瓦尔德斯半岛已经住了 40 多年。每年 8 月，他都会带上双筒望远镜和纸笔坐在悬崖顶上，记下有哪些水生朋友经过。罗杰擅长识别鲸鱼，他可以通过每只洄游鲸鱼头上的胼胝辨别它们，那是它们独一无二的标志。他监测鲸鱼的行为，但主要目标是进行首次长期“鲸口普查”。人们认为，南露脊鲸的寿命超过 100 岁，罗杰的目标是量化这些巨型生物的寿命。

我和几个学生跟着罗杰观察鲸鱼的洄游，但距离太远，看不出它们的区别，我们需要罗杰丰富的知识和观测鲸鱼的超能力来发现那些独特的细节，但我的团队另有窍门。

和罗杰做旅行计划时，我提出了一种可能性——用无人机观察鲸鱼。我教过的两个学生刚毕业，他们迫不及待地想去探险。他们有一个机器人，只要稍作调整就能很好地完成这项任务。[1] 经过多次讨论、重新设计和规划，我们带来了“猎鹰”，这是第一架八旋翼无人机，它的推进器之间可以安装摄像头。如今，这类无人机已上市，但 2009 年“猎鹰”的问世是一次重大突破。

在阿根廷，“猎鹰”没有让人失望。鲸鱼喜欢待在近岸的浅水区，罗杰及其研究人员能用双筒望远镜从高耸的悬崖上观察它们。相比在水中近距离观察，在悬崖上某个合适的位置观察的效果更好，因为潜水员的存在会改变鲸鱼的行为。直升机和飞机则飞得太高，观察到的图像分辨率较低。在悬崖上观察的唯一不足是视野受限。鲸鱼迟早会游走，消失不见。

“猎鹰”不仅突破了这些局限，还能提供特写图像。尽管我们决定让一个人控制无人机，但它其实可以自主飞行 20 到 30 分钟。罗杰一下子就迷上了他的新研究助理。借助无人机，其团队能清晰地看到几英里外的鲸鱼，不会人为改变它们的行为。他们真正做到了将目光投向海洋，让机器人替他们观察。机器人的视野远远超出了人类的感官范围。

我们最大的局限是电池——无人机在电量即将耗尽时，就不得不返航。相比现在的无人机，“猎鹰”有很多缺陷，但它发挥了巨大的作用。科学家再也不必在悬崖上奔跑着追踪研究对象，也不必去打扰这些雄伟的生物。他们可以舒适、安全地坐在某个地方，将目光投向空中，观看心爱的鲸鱼。当时，纪录片制片人、著名的海洋科学家雅克·库斯托的孙女席琳·库斯托正在研究亚马孙地区与世隔绝的部落，她不想将感冒等病毒传染给尚未产生免疫力的土著。罗杰的项目成功后，我们借给她一架无人机，无人机让她看到了无人涉足的森林里的情况。

如今，无人机的能力要强大得多，不必飞得很远就能发挥作用。我的朋友维贾·库马尔和罗兰·斯格沃特一直致力于改善无人机的功能，使其更加敏捷。[2] 在 2017 年的电影《蜘蛛侠：英雄归来》中，蜘蛛侠紧贴在华盛顿纪念碑的一侧，发射微型飞行机器人扫描大楼。这不只是科学幻想，我们开发了一种类似的方法帮助汽车观察拐角处的情况。我的实验室建造了一架从自动驾驶汽车上发射的无人机，它可以飞到汽车前面和拐角处，扫描我们地下停车场拥挤的区域，将视频传回汽车的导航系统。无人机充当了另一双眼，看到了汽车看不到的地方。美国国家航空航天局（NASA）设计的“独创”号无人机进一步推动了该应用的发展。这架无人机从“毅力”号火星车上发射，完成了火星上的首次自主飞行。[3]“独创”号扩大了“毅力”号火星车的视野范围，它可以升入空气稀薄的天空，寻找理想的路线和有趣的探索领域。

这些机器人的共同点是，它们扩展了人类的感知范围。我举的例子与视觉有关，但其他感官也可以扩展。带有可伸展手臂的电动外骨骼可以帮助工人拿取高层货架上的物品——它是里德·理查兹的机器人版（里德·理查兹是《神奇四侠》漫画中拥有弹性身体的物理学家）。我们还可以开发这项技术的家用版。简单、可伸缩的机械臂与扫帚一起藏在壁橱里，我们可以用它拿取壁橱里的物品。它还能协助老年人捡起地板上的物品，避免他们的背部拉伤或身体失衡，因而对老年人大有裨益。

机械臂的外形比较普通，其他伸展器械的形状和形式可能出人意料。我见过一个令人惊讶的机器人，它是较低级的智能机器，名叫 FLX Bot，由机器人初创公司 FLX Solutions 开发。它模块化的蛇形身体只有约 2.5 厘米厚，能进入狭窄的空间，比如墙后的缝隙。视觉系统和智能系统能让蛇形机器人自行选择路径。机器人末端可配备摄像头，查看无法到达的地方，甚至可配备钻孔机，为电线钻孔。在某种程度上，它只是标准建筑工具的未来版本——作为延伸人类身体的智能旋转锤和钻孔机。这不是我们在电影里看到的机器人，但它是令人欣慰的样例，展现出当芯片为人类服务时，我们能做的事情。

如今，FLX Bot 及类似的机器人已投入工作，但在思考机器人如何以新颖独特或出乎意料的方式扩展人类的能力时，我更愿意让想象力肆意驰骋。我们的视野已经延伸到屋子的角落，还可以从悬崖潜入海底。如果我们能将所有感官延伸到未及之处会怎样？如果我们能将视觉、听觉、触觉甚至嗅觉带向远方，身临其境地去体验，结果会怎样？我们将可以访问遥远的城市和星球，甚至可能进入动物群落，更深入地了解它们的社会组织和行为。

这听起来或许有些奇怪。我来举几个例子。

我喜欢旅行，体验异国他乡的景色、声音和气味。如果可以，我想每周去一趟巴黎。但无论从体力还是从经济层面考虑，这种愿望都不切实际。我如果每周漂洋过海去香榭丽舍大街或杜乐丽花园散步，或者享受巴黎面包店飘出的香味，就算不上环保主义者。身临其境当然再好不过了，但我们可以用机器人来模拟悠闲的行人漫步巴黎的体验。我们可以使用一种虚拟现实设备，或其他类似的设备，进入现实世界远方的某个机器人体内，以全新的方式体验遥远的他乡，而不是穿戴虚拟现实设备，完全沉浸在数字世界之中。

想象一下，移动机器人（比如共享电动滑板车或花旗共享单车）遍布整个城市。某天，在波士顿家里百无聊赖时，我打开耳机，租了一个机器人，远程指导它穿过我选择的巴黎街区。机器人配有摄像头，可以提供视觉反馈，还有高清双向麦克风，能够捕捉声音。较难实现的目标是让机器人闻到周围环境的气味，或者品尝到地方小吃，然后将嗅觉和味觉回传给我。人类嗅觉系统有 400 种不同类型的嗅觉感受器。某种特定的气味可能含有数百种化学物质，气味飘入鼻腔时会激活大约 10% 的感受器。大脑将这些信息映射到存储的气味数据库，我们就可以闻到刚出炉的羊角面包的香气。许多研究团队正利用机器学习技术和石墨烯等高级材料，在人工系统中复制该方法。[4] 如果可以利用这类技术感知香气或味道的化学成分，并通过设备远程重现它，我们会觉得怎么样？我不太确定巴黎的面包店是否愿意让我远程操作的机器人咬一口羊角面包，或喝一杯刚煮好的浓缩咖啡，以便将这种香气和味道传给客厅里的我。也许我多虑了。也许店主认为买卖就是买卖，无论顾客是亲临本店，还是戴着虚拟现实设备身处 2 000 英里之外。话又说回来，也许我们应该忽略气味，能感知巴黎的景象和声音就够了。

享乐的事暂且谈到这儿吧。通过智能机器人扩展人类感知的想法有了更多实际的应用。我们在实验室研究了土耳其机器人（Mechanical Turk），这是一种用于体力劳动的机器人。土耳其机器人的概念可追溯到 18 世纪末，当时一位富有创新精神的匈牙利人开发了一台貌似能下国际象棋的机器。事实上，这个装置的把戏是，所谓的机器里藏着人类国际象棋棋手，他可以操纵棋子。2005年，亚马逊通过一项服务推出了另一种形式的土耳其机器人，该服务能让企业雇用远程人员，执行计算机无法完成的任务。[5]我们的设想是将两种创意结合起来，人类远程（非秘密地）操纵机器人，引导它完成其无法独立完成的任务，以及人类无法完成的危险或有害健康的工作。

我参观过费城郊外的一个冷库，该项目的部分灵感就来源于此。为了尽可能保暖，我穿上了冷库工人穿的所有衣服。普通冷库还能忍受，但超低温冷库的温度可能达到零下30摄氏度，甚至更低。我勉强坚持了10分钟，几小时后依然感到彻骨寒冷。我在换了几次车，乘飞机回到家，洗了个热水澡之后，核心体温才恢复正常。人们不该在如此极端的环境下工作，但环境中的物品大小和形状各异，数量庞大，堆积在一起，机器人无法独自完成所有任务，至少不可能不出错。

因此，我们设想出"从事体力工作的土耳其机器人"。我们想知道，如果招募世界各地的游戏玩家，让他们以新方式运用其技能，结果会怎样。机器人在超低温冷库、标准制造场所或仓库中工作时，远程操作员可以随时待命，等待机器人寻求帮助。机器人在出错、发现自己卡住了，或无法完成给定任务时，会发出求救信号。远程操作员可以进入虚拟控制室，改善机器人当前的环境，解决它们遇到的问题。操作员通过机器人的眼睛看世界，进入位于远方冷库的机器人体内，无须忍受低温。他可以直观地引导机器人，帮助机器人完成任务。

操作员不必是经验丰富的游戏玩家。*为了测试该设想，我们开发了一个系统，人们可以通过机器人的眼睛远程观察世界，并执行较简单的任务。之后，我们对生手玩家进行了测试。我们在实验室组装了一个机器人，为它配有机械手、订书机、电线和框架，目的是让它用订书机将电线连接到框架上。我们启用了一个有着灵巧双手的仿真机器人，它叫 Baxter，还有一个名为 Oculus VR 的系统。之后，我们创建了一个中等大小的虚拟房间，将人类和机器人放在同一坐标系中。这是一个共享的模拟空间，可以让人类从机器人的角度看世界，从而用身体动作自然地控制它。我们在华盛顿特区的一次会议上演示了该系统。与会者戴上设备，看到虚拟空间，在 500 英里外直观地控制我们位于波士顿的机器人。该系统最重要的贡献者是鲁泽娜·鲍伊奇，我们亲切地称她“机器人之母”。几位学者和知识分子测试了该系统，有些人从未玩过视频游戏，但他们能控制我们实验室里的机器人，并完成任务。

通过远程操控高级机器人扩展人类活动的范围，该技术不仅仅能应用于冷库以及令人不适或危险的环境。我的好友、斯坦福大学机器人先驱乌萨马·卡提布开发了一款名为“海洋 1 号”的人形潜水员机器人，可以让你远程探索海底世界。[6]我承认，亲自潜入海底，近距离观看珊瑚礁很美妙，但下潜 10 米已

---

* 在林肯·米歇尔的科幻小说《人体侦察兵》（*The Body Scout*）中，有个角色是半退休状态的母亲，她不是游戏玩家，却做着类似的工作，远程操控收割机器人。

接近我的极限。人们可以远程控制“海洋1号”机器人潜入100米的深海，发现有趣的东西，同时还可以控制机器人用双臂和三指机械手拾取、操纵物件。通过操作一对力反馈增强型控制器，控制者能感受机器人手中挤压或拾取的东西。你可以悠闲地坐在船上，视觉和触觉却与机器人一起潜入海底。乌萨马及其学生利用“海洋1号”从路易十四国王失事的战舰中找到了易碎的珍宝——机器人永远无法独立完成这项任务。

有关远程操作和扩展感官范围最著名、最令人瞩目的例子，或许是在过去的几十年里，美国国家航空航天局向火星发送机器人。我的博士生马蒂（马塞特·沃纳）协助开发了许多软件，让地球上的人可以轻松地与数千万英里外的机器人互动。[7]这些智能机器让人与芯片完美融合，展现了机器人和人类共创辉煌的情景。机器更擅长在火星等恶劣环境中工作，而人类擅长做出高级决策。我们向火星发送更高级的机器人，马蒂这类研究者则开发了更先进的软件，帮助其他科学家通过机器人的眼睛、工具和传感器看到甚至感受到遥远的星球。随后，人类科学家获取并分析收集到的数据，就“漫游者”号下一步应该探索的内容做出关键的创造性决策。机器人几乎可以让科学家身处火星大地。它们并没有取代真正的人类探险家，只是在披荆斩棘，开辟疆域。这项机器人探索工作是为人类探索火星的任务服务的。等到人类宇航员冒险前往火星的那天，他们将对这个星球有所了解，并拥有专业知识。没有“漫游者”号的行动，这一目标就不可能实现。

机器人也可以将我们的感知范围扩展到地球上的陌生环境。2007 年，由 J. L. 德纳堡领导的欧洲研究团队描述了一项新颖的实验，他们开发了能够潜入蟑螂群落并产生影响的自主机器人。[8]这是较简单的机器人，能够感知明暗环境的差异，根据研究人员的需要移动到或明或暗的环境中。微型机器看起来不像蟑螂，但闻起来确实像蟑螂，因为科学家为其涂上了某一蟑螂族群特有的信息素。换句话说，它们能释放出一种气味，吸引同一家族的蟑螂。

实验目的是深入了解昆虫的社会行为。通常，蟑螂更喜欢与同类聚集在黑暗的环境中。它们喜欢黑暗是有道理的——躲在阴影里，不易遭受捕食者或讨厌的人类的攻击。然而，当研究人员命令浸有信息素的机器来到亮处时，其他蟑螂也跟着聚了过来。尽管待在亮处有危险，它们还是选择了聚在一起的舒适感。我喜欢这个项目，因为它不仅富有独创性和创意，还提供了一种方法，让研究人员和机器人一起潜入这种小昆虫的群落，对其产生影响。利用机器人，研究人员不仅可以从远处观察，还可以融入群体，有效地将蟑螂召集到亮处。

蟑螂机器人让我想起多年前与罗杰·佩恩的第一次对话，想起他与鲸鱼朋友一起遨游的梦想。我不知道怎样研制出他所说的胶囊舱。他对我们的无人机惊叹不已，但我认为我们的成果不止于此。倘若我们能造出一款机器人，功能类似于他想要的胶囊舱，结果会怎样？倘若我们能造出一条机器鱼，像水栖家族的普通成员一样与海洋生物和哺乳动物一起畅游，结果会怎样？这将成为我们了解海底生物的绝佳窗口。

潜入水生群落，跟踪观察生物的行为、游动模式以及与栖息地相互作用的方式，这些任务的难度很大。固定观测点无法跟踪鱼类。人类待在水下的时间有限。远程操作和自主水下交通工具通常依赖螺旋桨或喷射式推进系统，机器人激起巨大的湍流时，很难不惊扰到鱼群。我们别出心裁，想创造一些新奇之物——像鱼一样游动的机器人。[9] 我们必须开发出新的人造肌肉、柔性皮肤、控制机器人的新方法以及新的推进方法，因而在该项目上投入了多年。我从事潜水运动几十年了，还没见过带螺旋桨的鱼。我们的机器人 SoFi（发音像索菲）游起来会像鲨鱼一样来回摆尾。[10] 它的背鳍和身体两侧的双鳍使其能自如地下潜、上升和游动。我们已证明，SoFi 可以在其他水生生物周围游来游去，不会干扰到它们的行为。

SoFi 与普通鲷鱼差不多大，它在 18 米深的太平洋珊瑚礁群落周围畅游了一番。当然，人类潜水员可以潜入更深的海底，但水肺潜水员的存在会改变海洋生物的行为。科学家可以远程监控 SoFi，偶尔对其进行操控，以免造成类似干扰。科学家如果派出一条或几条逼真的机器鱼，就能跟踪、记录、监控鱼类和海洋哺乳动物，还有可能像群落成员一样与它们互动。

我们在巴塔哥尼亚的悬崖上使用“猎鹰”无人机，罗杰及其合作者就可以将目光投向大海。现在有了 SoFi，我们希望罗杰这样的生物学家有机会将视野投向海洋深处，以安全的方式进行探索。最终，我们希望能将听力延伸到大海。我和好友罗布·伍德、大卫·格鲁伯以及其他生物学家和人工智能研究者合作启动了一个项目，尝试用机器学习和机器人设备记录并解码抹香鲸的语言。[11] 我们想发现鲸鱼发声的常见片段，最终目标是识别可能对应于字符、音节甚至概念的序列。人类将声音与单词联系起来，单词又与概念或事物相对应。鲸鱼也以类似的方式交流吗？我们想找到答案。人类将听力延伸到了大海，结合机器学习，有朝一日或许能与迷人的海洋生物进行有意义的交流。

项目成功获取的知识足以作为回报，但罗杰认为其影响可能更大。他发现鲸鱼会唱歌和交流，这一发现产生了意想不到的结果，那就是“拯救鲸鱼”运动。他对鲸鱼智力的科学验证引发了全球性的保护运动。他希望深入了解地球上的其他物种，从而产生类似的效果，激励人们保护复杂的生命形式。罗杰常说，作为一个物种，人类的生存取决于地球上大大小小的邻居的生存。地球成为人类宜居之地，部分原因在于物种的多样性。我们对其他生命形式保护得越周全，未来几个世纪地球依然是人类宜居之地的可能性就越大。

上述例子说明我们如何将人与芯片相结合，扩展人类的感知范围，从起初的异想天开发展到如今的影响深远。这些只是众多可能性中的一小部分。负责景观保护的环境和政府组织可以自动监测非法森林砍伐，而不会将负责人置于危险之中。远程工作人员可以借助机器人将他们的手延伸到危机四伏的环境中，在危险的核电站操纵或移动物体。科学家可以窥探或聆听地球上许多神奇物种的秘密生活。我们还可以提高休闲质量，找到远程体验巴黎、东京或丹吉尔生活的方法。可能性无穷无尽，令人兴奋不已。我们需要的只是努力、才智、策略以及最宝贵的资源。

最宝贵的资源并非资金，尽管它很有帮助。

我们需要的是时间。

第 3 章 CHAPTER 3

时间的节约

在一封珍贵的信中，罗马哲学家塞涅卡对保利努斯说："生命并非短促，而是我们荒废太多。"[1] 我的活动安排得很紧凑，与人交流也很频繁，人生犹如白驹过隙。我经常提醒学生：昨日不可追。有生之年寿命几何无法确定，但我们知道它是有限的。既然不能左右生命的长度，就必须充分利用时间。

为了更深入地了解自己每天的所作所为，找到优化时间的方法，我在智能手机出现的早期阶段启动了 iDiary 项目，它能以数字形式记录用户的日常活动。[2] 如今，跟踪用户活动、生命体征及其他行为的应用程序如雨后春笋般层出不穷，我们的项目启动较早，没有丰富的数据集可供使用，但仍发现了一些令人震惊的信息。我们利用用户的 GPS（全球定位系统）数据确定他们去过的地方，开发了一些方法，将物理地点和相关活动关联起来，细节我就不赘述了。让我着迷的是，该项目揭示了我的日常生活。我每天驾车穿行于波士顿拥堵的街道，通勤时间平均为两小时，还会花两小时处理和筛选电子邮件，其中大部分是非紧急邮件。

这些发现令我惴惴不安。我开始认真思考如何利用机器人技术和人工智能更有效地管理时间。先从通勤着手。我住在波士顿西部，在普通工作日我会从家开车到剑桥的实验室。波士顿的交通非常拥堵，我经常被困在90号州际公路上。为什么不让车自动驾驶？这样我就能充分利用堵车时间从事创造性工作。不同于高峰时段的交通状况，最先进的自动驾驶汽车有效行驶的环境是低速、低复杂性和相对可预测的。特斯拉的自动辅助驾驶系统（Autopilot）在正确的方向上迈出了第一步，它减轻了部分驾驶压力，但还做不到完全脱离人工操作。你仍需关注路况，因为目前的软件（即汽车机器人的大脑）无法对意外事件做出快速反应。机器人的传感器可以感知环境，识别正在发生的事情，要实现完全自动驾驶，其精确度必须更高。汽车的控制系统必须足够快，才能对传感器和大脑的感知做出正确反应。此外，汽车还要能在意外天气和路况下安全行驶，这又是一系列挑战。

汽车机器人还有可改进的地方，但我们如果看重通勤时间，就可以通过提高高速公路的智能化水平，让自动驾驶汽车的设计更容易些。如果我们在繁忙的路段配备传感器和智能设备，实现车辆与基础设施之间的通信，并利用车辆之间传递的信息，那么公路和路上的所有车辆就可以共享信息。如此一来，汽车的能力就不仅取决于其传感器和电子大脑。你的车会与此地的其他车辆、道路、配备传感器的护栏等通信，掌握自身传感器范围之外的情况，有更多时间对减速或停车做出反应，从而实现安全高效的驾驶。

我们还需付出很多努力才能达到这个自动化水平，但它并非无法企及的目标。[3]假设我们克服种种障碍实现了目标，也不会因提高了驾驶效率而节省时间，但这会让我们以不同的方式利用堵车时间。既然无须再关注路况，我们就可以改变车内的结构来匹配这一新功能。我们可以将高速公路上的车辆想象成火车上的独立车厢。一旦驶入高速公路并切换到自动驾驶模式，汽车内部就可以重新配置。座椅可以像船长椅一样转动，给你伸展双腿的空间。侧窗可以变成巨大的显示器。你的车可以变成移动办公室，或前往机场途中举办午餐会的私人空间。如果是拼车，同伴们可以相对而坐，一起聊天、喝咖啡。你如果独自一人，可以与家人或同事开视频会议。不必担心开会迟到——你可以在车里开会。如果像某些科技巨头希望的那样，虚拟现实的愿景得以实现，我们就可以为汽车配备大型环绕式屏幕或全息投影，让你在另一个商业性的虚拟现实中主持会议。

接近高速公路出口时，汽车可以自动重新配置，你需要提前几英里恢复到正常驾驶模式。再说一遍，你不会更快地抵达目的地，但机器人会将每天因交通堵塞浪费的一小时还给你。可以想象，我的通勤时间会变得富有创造性或非常高效。我想，塞涅卡会大加赞赏的。

我们是如何利用时间的？美国劳工统计局的数据显示，美国人每天约有 1/3 的时间在睡觉，另外 1/3 的时间在工作，剩下的时间用于休闲、运动或健身活动。[4]用于家庭维护（备餐、打扫房间）的时间平均约为2小时。我们每天花11分钟洗衣服，花14分钟修缮房屋。除了休闲活动，美国人每天看电视的时间接近3小时。遗憾的是，我们的社交活动只有38分钟。

在家务活中，我讨厌倒垃圾，也懒得处理回收品。如果垃圾箱是可以自动倒垃圾的机器人会怎样？我的冰箱里常有腐烂的水果和散发着刺鼻气味、忘了吃的奶酪。打开冰箱门并不总是让人心情愉悦。我希望有一台冰箱机器人，可以感知、提示过期食物，向我或我的车发送信息，提醒我哪些食物需要扔掉。也许我可以让系统自动管理牛奶和黄油等必需品，启动自动送货车送货上门。

上述所有功能在技术层面都可能实现——请不要误解我的意思，这些需求并非因为懒惰。我想享受这些技术，目的并非像皮克斯经典电影《机器人总动员》中的未来人类一样，坐在自动躺椅上四处转悠。我制订有关人与芯片协作的宏大规划，不是为了让人类少做事，或变成昏昏欲睡的肥仔。我们的目的是让芯片为人类服务，这样人类就可以利用各种才智做更多的事情。

设计和制造机器人的乐趣之一是，它会让你欣赏人类无与伦比的脑力和体力天赋。例如，我们远比所有品牌的汽车都节能。一个苹果或巧克力棒就能让我度过一上午，而机器人需要多次充电才能完成我的所有活动。我们可以毫不费力地捡起没见过的东西，机器人必须研究它，制订计划，多次尝试，并从错误中学习，才能操纵像杯子这样简单的物品。对它们来说，在空杯子中倒入咖啡或茶，会是更加复杂和困难的挑战。

人类却能顺利完成这些任务。我们推理、思考和适应新形势的速度非常快。人类拥有强大的创造力和能力，我希望更多的人摆脱每天数小时的重复性任务，更好地利用时间和才智。我们是社会性生物，在与他人的互动中受益。如果将每天38分钟的社交时间翻一倍或两倍会怎样？我希望花更多时间与朋友一起散步，与家人和好友一起做饭，读书（不限于阅读科研论文），看歌剧，打网球，滑雪，潜水观赏热带珊瑚礁，体验异国文化，谈论艺术，提出新想法。我们可以设计机器人，让它们承担枯燥、重复的日常任务，我们则专注于较高级的工作和人际交流。通过与智能机器的密切合作，我们可以腾出更多时间，做人类该做的事。

在节省工作时间方面，机器人发挥的作用不同，但都很有价值。我建造的机器能帮我在凌乱的办公桌和文件柜里找到文件。我和好友布鲁斯·唐纳德曾尝试在桌面上添加微小的纤毛，将桌子变成机器人。[5]我们的思路是，纤毛摆动时，桌面会具备类似传送带的功能，将物体推往某个方向。这想法是不是太古怪了？别担心，我会努力不让你的办公桌动起来。

办公室里节省时间的机会很多。我每天在筛选和处理电子邮件上耗费了大量时间，智能程序的功能远胜过普通的垃圾邮件过滤器，我更愿将分类任务交给它。它可以读取内容，将邮件分类到更具体的文件夹，对必须且值得回复的邮件草拟合适的内容，我在检查之后就可以快速单击“发送”键。这种技术能让我每天节省 90 分钟，到实验室与学生一起工作，深耕我们的研究项目，设想出新的机器人。(为避免错误，我对所有回复的邮件有最终决定权，但无须通读全文，这会节省大量时间。)我们已经看到，虚拟研究助理通过自动识别相关案件提高了律师的工作效率。GitHub（面向开源及私有软件的托管平台）和 OpenAI（美国人工智能研究公司）基于提高编码速度的人工智能模型 Codex 推出了 Copilot 服务。[6] 该模型经过数十亿行公开可用代码的训练，运行方式类似于文本预测引擎。它在学过的代码行中识别模式，根据这些模式猜测下一步会发生什么，从而帮助开发人员高效完成简单、重复的代码编写工作，腾出更多时间专注于编程中更有创意的部分，那是人工智能引擎无法与人类竞争的领域。苦差事交给了芯片，人脑管理着高级工作。

当然，这些都是无形的智能体，并非真正的机器人。智能机器还可以通过许多其他方式节省我们的时间。快递公司 Zipline 的核心技术就是一个特别鼓舞人心的例子，其系统利用机器人为医生快速提供处方药、血液和其他的重要医疗用品，包括非洲农村在内的偏远地区也能送达。想象一下，医生正在帮助一名产妇分娩。分娩过程中出了点儿问题，产妇急需某种特殊药物，或者急需输血。以前，在道路颠簸、周边设施匮乏的情况下，没有人能及时取送物资。

借助 Zipline，医生可以通过电话快速订购重要物资。订单会传至 Zipline 执行中心，该中心通常配有制冷装置、可连接互联网的露天帐篷。Zipline 技术人员将所需物资装入无人机的货舱中，货舱大小与一个10岁儿童相当。接下来，技术人员将无人机的机身放在准备升空的坡道上。他们给机器人安上翅膀，用智能手机上的人工智能增强型相机应用程序检查操纵面，输入目的地，将无人机送上天空。

坡道上有一个类似弹射器的装置，可以节省电池的电量，机器人无须使用其存储的能量就能达到飞行速度。在技术人员等待或准备下一个订单时，无人机飞越高山和无法通行的崎岖道路，通过降落伞将包裹安全投掷到目的地。最后，它掉头返航，以另一种巧妙、节能、简单的方式"着陆"。无人机伸出钩子，Zipline装置上带绳的索具能有效抓住它。它一停下来，技术人员就会收回这只"电子鸟"，为下一次飞行做准备。

我喜欢这项技术，不仅因为这类无人机设计简单、解决问题的方式富有独创性，还因为它是机器人和人类共创巨大福祉的完美例子。医生急需挽救生命的关键物资时，再也不必被迫等待好几个小时。Zipline的技术人员联合机器人，可以在几分钟内将物资火速送到医生手中。单凭技术人员无法做到这一点，无人机也无法自行打包、检查操纵面或爬上弹射器。人与智能机器合作能更快地拯救生命。

医疗领域通常可以从更省时的机器人中受益。我的同事保罗·博纳托是波士顿斯波尔丁康复医院运动分析实验室的负责人，我们进行了一项实验，探讨自动驾驶轮椅和轮床对医院的潜在影响。[7] 目前的做法是，理疗师到病房用轮椅推着患者去健身房治疗，治疗结束后再把他们推回来。有一半时间都花在往返的路上了！这对技术高超、训练有素的专业人员来说是时间的浪费，但困扰保罗的并不是这个问题，他希望理疗师能将往返时间用于加速患者的康复。如果自动轮椅可以将患者带到理疗师那儿，双方都会从中受益。患者与理疗师相处的时间会更长，理疗师发挥其专长的工作时间也会更长。机器人不会取代理疗师的工作，它只会让受过高级培训的专业人士从最低效的日常任务中解脱出来，腾出更多时间做专业的事。

自动轮床可以惠及众多患者。我母亲住院的那几个月，我们花了大量时间等待她被推到专门的检查室，这个过程很折磨人。为什么不让病床或轮椅充当“专职司机”呢？改造很简单。在病床的轮子上添加一些电机、基本的传感器和计算机控制系统，病床就可以自行移动了。自动驾驶轮床就像医务人员的助手，可以在需要时找到并运送病人。医院是繁忙的场所，轮床机器人会遇到许多意想不到的障碍。我们可以对病床进行编程，使其缓慢移动，在感知到与人或意外物体相撞的风险时，可以自动停下来。

工作结束后，在回家路上我经常思考机器人为我节省时间的方法。先说说买甜点的事吧。如果夏夜有个冰激凌自动送货机器人在我们的社区巡游，为我节省饭后去商场的时间，我是不会介意的。这辆车不必像卡车那么大。一辆带冰柜的高尔夫球车沿着不拥挤的街道缓慢、可预测地移动，在出现障碍物或人的情况下按指令停下就可以了。或许我们可以用智能手机传唤它。如果担心孩子当天会吃过多零食，我们也可以要求它在经过家门口时保持静音。

机器人技术和人工智能令人惊喜的另一个应用场景是厨房。我喜欢烹饪，这是我最热衷的爱好。我的日常工作在机器鱼、自动驾驶汽车、易消化的“外科医生”等项目之间切换，需要耗费大量脑力，烹饪与这类工作截然不同。遗憾的是，我几乎没有时间准备一顿可口的饭菜，如果缺少某种关键食材，也没时间去商店购买。无人机可以根据需要快速将食材送到我家，甚至可以像 Zipline 技术那样，用降落伞投放食材。如果在办公室或回家路上想做一顿饭，我的车可以与冰箱和食品储藏室通信，确保必要的食材配备齐全。冰箱自带条形码扫描器，知道里面储存着哪些食物，还知道食物存放的时间和位置。我们可以在架子上添加传感器跟踪食物重量的变化，这样它就知道你何时会喝完橙汁或燕麦奶。

假设我想吃一顿意大利餐，但家里没有帕米吉亚诺奶酪。冰箱发出警报，我的车会计算出另一条回家的路线，以便在商场短暂停留。汽车会请求绕行授权，也就是说我仍然有控制权。在这种情况下，我有权不用帕米吉亚诺奶酪制作酱汁，或者干脆偷懒点个外卖。但假设我同意授权，商场就会收到通知，在我到达之前把奶酪打包完毕。我在商场停留的时间会很短。然后，我会带着烹饪所需的食材回家，只比平常晚回几分钟。或者，无人机可以将包裹送到我家。

回家后，做饭的大部分活儿都归我了。我喜欢烹饪，再说，机器人女仆萝西不会很快进入我们的厨房。即使像切蛋糕这样简单的事，对机器人来说也是巨大的技术挑战，准备意大利餐就更难了。要完成切欧芹或大蒜这类熟练、灵巧、精细的动作，我们需要开发出比现有机器先进得多的机器。但在初级阶段，机器人可以为我收集和摆放食材。这就像烹饪节目中的准备工作，只不过做这项工作的是机器，而不是电视演播室里的制作助理。(我们的实验室建造了一台名为 Bakebot 的原型机，用于制作饼干。[8]) 机器人可根据清单拿取、称量配料，并将它们放在工作台上。我回到家后，就可以立即着手烹饪过程中富有创意的轻松活儿。也许烹饪助手可以匹配家庭智能系统来调节一下氛围。机器人能根据具体配料或菜谱名称得出结论：我要做一顿意大利餐，于是备餐时会指示智能音箱播放我最喜欢的帕瓦罗蒂的专辑。

家务活中最烦人的是叠衣服，这活儿不得不做，每周都要占用普通人几小时宝贵的时间。机器人学界非常清楚这个问题。科研人员也是人。多年来，世界各地的学术研究小组和初创公司一直在寻找新的解决方案。2010 年，由彼得·阿贝尔领导的加州大学伯克利分校的研究团队开发了一些程序，使备受欢迎的研究型仿真机器人 PR2 能分拣、折叠毛巾。[9] 早期的难题是找到一种方法，让机器人从一堆杂乱的布中挑选一块，找到对角，将其识别为毛巾。研究人员开发了一种新的计算机视觉算法帮助机器人完成这项任务，机器人可以将毛巾一条条地折叠，放在旁边的桌子上。机器人折叠一条毛巾大约需要 25 分钟，[10] 可能需要一整晚才能叠完一堆，但只要不浪费我的时间，我并不介意。2014 年，阿贝尔的团队推进了该项目，机器人可以自行完成整套叠衣程序的大部分工作，但这种机器人价格太贵了。PR2 现已停产，它比豪华宾利车还贵。我当然没有这么高的可支配收入，即使有，也不确定自己在这种情况下还会不会那么讨厌叠衣服。

大约在同一时期，总部位于加州的初创公司 FoldiMate 也在开发具有类似目标的机器人。FoldiMate 没有使用 PR2 这种仿真机器人，而是开发了一台原型机，看起来像是办公用的复印机和洗衣机的组合。FoldiMate 机器人也把一些艰苦的工作留给了人类。用户将一件衣服夹在特定的位置，机器人会拉起衣服，向内折叠，然后将其整齐地放在一堆衣服上。原型机的速度比上代产品快，但通用性较差——伯克利分校设计的叠衣系统可以对随意堆放的衣物进行分类和折叠，而衣物随意堆放是大多数家庭的常态。2021 年，FoldiMate 公司关闭，可能是出于技术可行性的考虑，但更大的原因是商业化的问题。这些项目进展缓慢，但我仍觉得它们振奋人心。至少它表明了叠衣机器人在技术上是可行的，我们只需找到更便宜的平台或机器人身体。

打扫房间是另一项耗时的家务活，但对机器人来说要容易得多。每晚回家，我家总体上还算整洁。但我女儿年幼时，地板上常散落着玩具和书籍。穿过房间就像穿越障碍场地，整理房间所花的时间总比我愿意花费的时间长得多。我知道，亲自打扫会带来心理满足，做些体力活将混乱变为有序是值得的，但我仍希望有一台机器替我做这件事（我向近藤麻理惠表示歉意）。还是年轻的母亲时，我经常梦想建造一台清洁机器，那是电影《戴帽子的猫》中的机器复制品，它有几只手臂，能捡起随意乱放的物品，让混乱的房间恢复整洁。

如今吸尘机器人Roomba已上市，它沿着随机路径在房子里活动，跟踪自己的运动，确保自己的打扫范围覆盖整个空间。如果我们为其添加简单的手和手臂，它就能捡起玩具。它的手臂不需要像正常人的手，我们可以利用真空产生的吸力。真正的机械手可以是柔性的，能充气和放气。机器人需要一套新的摄像头和计算机视觉算法，识别应该收集和移动的物品。离物体足够近时，机器人可以用柔软的机械手挤压物体，并利用吸力吸起玩具，将其固定到位，然后行驶到预定位置（比如玩具箱），重新充气——释放由抽吸驱动的握力——将物品放入玩具箱。这种机器人配备了不同的手和更坚固的轮子，可以在室外使用。割草机器人可配备简单的手臂，捡起树枝和木棍，将它们整齐地堆成一堆；小型挖掘机器人可以为花园做好种植准备。我们不希望家、院子或杂货店挤满忙碌的机器人，以至于不触发智能机器中的避障算法就没法走路，但如果休闲和社交时间更充裕，我当然欢迎更多像Roomba这样专用、省时的小型机器人。

我畅想的不一定是未来，而是几种可能的未来。我希望生活在这样一个世界：人们不再被日常家务缠身，每天都能节省一些时间。无人机将新鲜的农产品投放到家门口；垃圾箱可以自动倒垃圾；智能基础设施系统支持垃圾自动回收；人工智能助手（无论是否有形）完成枯燥、重复的任务，并提供建议，最大程度地优化我们的生活，让生活变得更美好，工作更有成效。我的实验室开发了管理自动驾驶汽车车队的算法，这些算法也可以用于日常生活，为人们节省更多时间。家长在孩子尚小、活泼好动时，都曾做过周末运动、玩伴聚会和趣味活动计划，那简直是噩梦。为自动驾驶汽车开发的人工智能引擎可以变成年轻父母的私人助理，驾驶和拼车时间表经过一番调整和优化后，系统可以自动确定孩子的接送安排。比如，最好由爱丽丝开车送孩子，再由鲍勃来接他们。

机器人技术、机器学习和人工智能领域技术的飞速发展，将带来自主化程度更高、能力更强的工具，它们会承担更繁杂的家务，让人们腾出时间从事需要专业知识和创造力的有意义的工作，享受令人心旷神怡的休闲活动。较大的机器人研究团队有许多研究级演示和成功案例，展示了机器人如何承担人类不想执行的任务，但将原型转换为实际产品需要很长时间。例如，高速公路上的首次自动驾驶演示是 1986 年在巴伐利亚高速公路的空旷路段进行的。过了将近 10 年，卡内基 – 梅隆大学的 Navlab 团队才首次演示了从大西洋沿岸到太平洋沿岸的自动驾驶，这辆自动驾驶货车从匹兹堡出发，目的地是洛杉矶。[11]（一名学生坐在驾驶座，随时准备接管货车。）15 年后，谷歌宣布其自动驾驶汽车项目。一项技术从实验室到公司经历了近 1/4 个世纪，公司真正将产品推向市场的时间就更长了。虽然如此，但一切正在发生。这些机器人货真价实。

身为忙碌的上班族妈妈，我更关注机器人在日常生活中如何节省时间，但思考可能性的另一种方法是着眼于更大的生活范围。幼儿的空闲时间很多，不太需要这类机器人。孩子的父母则不同。将家务活交给机器，父母就有更多时间陪伴孩子，坐在地板上给他们读书，或在想象的玩具世界中玩耍，而不是收拾玩具、洗衣服或餐具。当我们日渐老去时，机器人也能发挥同样重要的作用。随着年龄的增长，我们的运动、精细操作和视觉技能会衰退，有些工作变得越来越困难。在机器的帮助下，我们能完成许多工作，退休人士、老年人和老年伉俪独立生活的时间会更长，在耄耋之年甚至更大的年纪仍能保持较高的生活质量。

我描述的机器人展现的只是少数可能的应用。在这个机器人能力日益增强、任务导向的世界中，什么样的机器可以帮你提升效率？你希望机器人替你做什么？你的工作生活中是否有重复、无趣的任务可以让机器人或智能软件代替你来执行，从而提高效率？是否还有其他家务活可以让机器来帮你分担，或可以完全交给机器，让你腾出时间专注于其他活动？如今，我们可以将所有慢速移动的轮子变成自主机器人。我们已经有了真空吸尘机器人、泳池清洁机器人和草坪修剪机器人。2022 年推出的除雪机器人可以承担耗时费力的铲雪工作。未来，我们可以让自动购物车在杂货店为我们运送必需品，让自动园艺师在院子里劳作，等等。我们可以添加能完成抓放任务的简单机械手*，创建《戴帽子的猫》中家政机器人的真实版。在更远的未

---

* 完成抓放任务是工业机器人最常见的用途之一。正如该术语所表示的，它是指在某处拿起一个物品，将其放下或放到其他地方。它非常适合重复性、大批量且明确定义的装配和工厂工作。

来，机器可以做更多事情来节省时间，提高家庭生活和工作的质量。接下来的问题是如何利用省下的时间。前面说了，我想花更多时间与亲朋好友相处，但我也想将节省的部分时间用于技术性较强的休闲活动。我想进行一项特殊活动。我热爱山中徒步和滑雪，但如果能翱翔在群山上空，而不是乘坐飞机，我是乐意去尝试的。我想挑战地心引力，甚至想像超级英雄一样飞翔。

第 4 章

CHAPTER 4

精准度的提高

每年，由亚马逊创始人杰夫·贝佐斯主持的 MARS 会议是我最喜欢的活动之一。MARS 是机器学习（machine learning）、人工智能（AI）、机器人（robots）和太空（space）的英文缩写。大约 200 名科学家、机器人专家、工程师、未来学家和技术专家会齐聚一堂，展开友好睿智的交流。每天的会议议程和受邀演讲者在会前都是保密的，但讲座和对话总是令人兴奋、鼓舞人心。

在某次会议第一晚的晚宴上，我和另外 5 个人被分配到一张桌子旁。我的好友兼长期合作者、哈佛大学的罗布·伍德也在其中。这次活动的目的是结识新人、了解新观点，所以我们没有互相攀谈，而是与其他人交流起来。我很快就和邻座的人聊了起来，他是喷气推进实验室行星飞行系统委员会总工程师金特里·李。金特里还是小说家，曾与科幻传奇人物阿瑟·克拉克合作出版过一本小说。可以想象，我们相谈甚欢。

晚宴中，我注意到罗布也参与了一场深度交流。罗布的工作令人着迷，但他似乎对晚餐伙伴更感兴趣。我很好奇他身边的人是谁。遗憾的是，环境太嘈杂，我听不清他们在说什么。餐桌中央的装饰品挡住了视线，我甚至看不到那个人的脸。后来有机会与罗布交谈，我问他晚餐时与谁聊得热火朝天。他说："哦，是理查德·布朗宁。"

我的杯子差点儿惊掉了。理查德·布朗宁参加了会议？

而且一直坐在我对面？

我钦佩罗布在微型机器人方面的出色工作，他研发的开创性的蜜蜂无人机（一种可以潜入蜂群的微型机器人）尤为令人惊叹。[1] 十多年来，我们合作得非常愉快，但现在我希望自己也参与了他们的晚餐谈话。得知这个消息后，我一心只想找到理查德·布朗宁，亲自与他交谈。说起布朗宁，我是同龄人中最崇拜他的人，因为我从小就梦想找到克服地心引力的方法，直到今天依然痴心不改。在早晨上班途中遇到交通堵塞时，我会想象将自己的车变成一辆会飞的车，但我也想知道，将车留在停车场，穿上特殊的机器人服，飞行于车与楼的上空是什么体验。对我来说，这些都只是梦想，而理查德·布朗宁发明了实用的喷气背包，他是现实世界的托尼·史塔克。

第二天，布朗宁向与会者展示了这项技术。他的服装配有一个供应燃料的背包和一个微型喷气发动机，每只手臂还配有两个涡轮机，它们被分装在与孩子的书包差不多大的装置里。飞行员将双臂伸入装置中间的袖筒里，握住手柄。手臂后面的涡轮机提供了稳定性，背包可用于携带飞行所需的额外燃料。

作为演示的一部分，布朗宁越过周围的树丛飞了过来，来回飞了几次之后，轻轻降落在我们面前的草地上。他背后的涡轮机吸入空气，又将其从空气背包底部推出，产生推力。双臂末端的涡轮机也会产生推力。就像驾驶赛格威或单轮悬浮滑板一样，他通过倾斜身体来掌控方向。布朗宁在院子上空飞来飞去，我看得目瞪口呆，用苹果手机拍摄了这次飞行。回到演讲厅，优秀的演讲者在讲台上描述他们的宏伟理念，我则禁不住观看自己拍摄的布朗宁的视频。我的好友、机器人专家罗德尼·布鲁克斯坐在我旁边。他俯身说："丹妮拉，你被迷得神魂颠倒了！"

他说得没错。我无比震惊。这是代达罗斯、彼得·潘和钢铁侠的三合一。布朗宁完成了不可能的任务，结果不可思议。我对此尤为着迷，我从12岁就梦想找到抵抗地心引力的方法。年少时，我无法制造一双鞋，帮我在打篮球时跳得比朋友的个头还高，于是我开始穿高跟鞋打球，尽可能地增加身高。久而久之，我穿高跟鞋运动越来越轻车熟路，偶尔打排球也喜欢穿坡跟鞋。

我离题了。我真正的问题并非身高，而是重力。

这种普遍存在的顽固力量让我无法跳得比个头高过我的朋友的身高还高。我需要升力！十几岁时，我和朋友徒步旅行，攀登喀尔巴阡山脉的悬崖以失败告终，原因也是重力。我无法飞着去上班，而是堵在马萨诸塞州的收费高速公路上，原因之一同样是重力。我在MARS会议上看到的人机结合如此美好、富有创意，但它还不是机器人。

我之前说过，几乎所有物体经过改造都可以变成机器人。

如何将布朗宁革命性的套装机器人化？在给出建议之前，让我们先思考一下克服重力的其他方法。以跳鞋为例。如今，你可以在互联网上找到各种各样的弹簧增强型运动鞋，但这种鞋并不是智能的，它比较简单。压下弹簧，弹簧反弹，从而帮助你跳跃。我的同事、麻省理工学院的休·赫里在其公司 Dephy 开发了升级版的机器人鞋。电动外骨骼设备嵌入结实的登山靴中，让用户跑得更快，跳得更高。

我们还可以用减震材料制造鞋子。用户每向前迈出一步都会储存能量，就像混合动力汽车在刹车时将能量返回电池一样。这样，当你想做出关键的跳跃动作时，你就可以按需释放存储的能量。鞋子可以配备传感器、计算和嵌入式智能来识别你的意图。你要先训练系统，使其能识别传感器上某些与跳跃前运动相关的值。也许它会感觉到你重心前移、膝盖弯曲——如果你的手臂或手腕上也佩戴了传感器，它会识别出你正在后摆臂，这些都是与跳跃相关的标志性动作。此时，储存在鞋底的能量可以通过弹簧式机制释放，你就会被发射到空中。我没指望你能一下跳得比高楼还高，但比垂直跳跃高出几厘米或十几厘米是可以做到的。至少，12 岁的我可以凭借这双鞋子多抢几个篮板。

汇集足够的升力来爬山会怎样？

十几岁的时候，我和朋友前往特兰西瓦尼亚山区探险，我们发现了隐藏的洞穴，在那儿举办了秘密派对，播放平克·弗洛伊德、桑塔纳、齐柏林飞艇乐队和其他禁播的西方音乐。我们也会在洞外用绳索攀爬，那没什么危险。我已经很长时间没有从悬崖上爬下来了，但我很想像著名的登山家亚历克斯·霍诺德那样攀岩，甚至像蜘蛛侠一样爬上建筑物的一侧……前提是不必被放射性蜘蛛咬。

我们先来分析霍诺德。出色的登山者不仅手脚力量大得惊人，他们的全身力量也很大。我们如果制作一副手套，它配备了轻薄灵活的致动器（就是第 1 章中讨论的那种），将其系在有人造肌肉的机器人服上，就可以显著增强普通人的握力。但这只是攀爬所需力量的一小部分。即使戴着手套抓住坚固的岩壁或缝隙，我也得有力气将自己拉到下一个位置。如果我穿着一套衣服，背后有一个更强大的电机和电源（类似布朗宁的背包装置，只是体积稍小点儿），那么，所有必要的人造肌肉都会按顺序收缩，把我拉到下一个位置。无须告诉机器人服我在做什么，通过编程它可以根据动作猜测我的意图，就像机器人运动鞋一样。当我把手伸到更高的岩壁开始上拉时，机器人服会感知我的计划，帮助我完成动作。这个过程并非毫不费力，我还得做很多工作，但我和机器人服会共同努力，完成我单枪匹马无法完成的事情。

上述设想是可实现的。我的实验室在研究如何为搜救队构建这类系统。制造蜘蛛侠套装的难度较大，但也并非不可能。穿着金属外壳攀爬建筑物（比如麻省理工学院弗兰克·盖里设计的斯塔塔中心）比较容易。对此，我设想的是带有磁性机制开关的手套和靴子。几年前，我们制造了一个脚上带电磁体的尺蠖机器人，让它攀爬埃菲尔铁塔。[2] 我们的设计思路是，当机器虫向前伸展时，身体前部的电磁体会附着在金属框架上，后脚的电磁体则会松开。机器虫的脊柱收缩成V形。随后，拉向前脚的后脚通过电磁体固定下来。接着，前脚松开，身体自行伸展，后脚的电磁体仍在原位，机器虫爬到了更高的位置，其后脚再次松开。这一循环不断重复，机器虫就能不停攀爬。

该方法是有效的，但我不想以这种方式攀爬建筑物。它看起来像一种奇怪的瑜伽体式，我想我的学生会认为它缺乏创意。更何况，它仅适用于金属墙壁。对于其他表面，我们可以用吸盘代替电磁体，但也可以开发通用性较强、类似于蜘蛛侠的攀爬系统。想象一下，一种带有微小纤毛的机器人手套和靴子，可模仿壁虎的抓握机制。我的同事马克·卡特科斯基采用这种方法，利用干式黏合的人造壁虎皮制作了一个攀爬机器人。[3]这种黏合也称单向或定向黏合，与胶带或口香糖的黏合完全不同。如果口香糖粘在鞋上，你得费很大力气才能将它从橡胶鞋底上扯下来，采用这种技术的机器人很快会耗尽电力。壁虎采用的是另外的技术，能以较少的能量黏附和分离。

壁虎的脚底有数百万根被称为“刚毛”的茸毛，长度约5毫米，比人的毛发细得多。每根刚毛看起来有许多分叉，因为它包含数百个更小的结构——铲状匙突。壁虎利用铲状匙突接触想要攀爬的表面，创造范德华力（分子之间的作用力，具有距离依赖性，近距离的作用力非常大）——铲状匙突非常小，有可能创造范德华力。因此，壁虎的脚和攀爬表面之间的相互作用非常大。借助数百万根刚毛，壁虎可以将一只脚放在玻璃上，悬挂并支撑全部体重。其诀窍在于，这只脚仅在向一个方向拉动时才会粘住，向另一个方向移动时则很容易松开，因此称为单向黏合。马克及其学生受到壁虎的启发，开发了一种类似橡胶的材料，上面是由聚合物制成的茸毛，用它建造了 StickyBot，一种利用单向黏合原理攀爬垂直表面的机器人。[4] 他们甚至扩展了这一概念，演示了类似人类在玻璃墙上攀爬的情景。

这对我们来说有什么用？当你将一只手放在墙壁上时，纤毛可以从手套中伸出，进入墙壁上难以察觉的细缝。当你慢慢拉出时（如果动作太快，你可能会滑倒或摔倒），机器人手套可以猜测你的意图，纤毛就会缩回，让你的手脱离墙壁。我的学生对尺蠖技术不以为然，但 StickyBot 这类攀爬装置或许会让他们惊叹不已。

我提出的许多理念更像是愿景，而非原型。也许你有更好的方法，可以利用机器人跳得更高，或在墙体上攀爬，那就去建造吧——我真诚地鼓励你去做。如果你有一个科幻梦，请开始绘制草图、建造和测试。理查德·布朗宁就是这么做的。

最近他放弃了石油贸易工作，开始追逐飞行服之梦。他在自家后院开发了原型，以最少的外部融资更新了设计。飞跃树丛的机器人服由喷气燃料提供动力，风险显而易见，但他还演示了一个导管风扇版本，由电池供电的电机驱动。虽然这个电动版本不如第一代版本那么强大，但从机器人技术的角度看，其潜力更大。电动汽车可以变成机器人，因为电机是电动的，可以由计算机指挥和控制。同样，对于电池供电的飞行服，我们可以开始考虑将系统机器人化。

使用布朗宁的飞行服需要经过训练。涡轮机提供推力，但转向要靠飞行员身体重心的移动。喷气背包转换成机器人后，我们可以对安全参数和传感器进行编程，如果它偏离规定的安全位置（飞行员向一侧倾斜过大，或移动过快），喷气背包就会向飞行员发送反馈信息。我们甚至可以调整可穿戴导航系统中使用的微型振动电机，为视障人士服务。如果向左侧轻度或严重倾斜，左手附近就会感受到轻微或强烈的振动。理想情况下，我们会添加一个平视显示器（或许会嵌入眼镜中），显示你的速度以及其他与安全和控制相关的变量。我们还可以赋予系统物体识别和避障功能，甚至可能尝试添加在电影《复仇者联盟》中看到的那种对话式人工智能，也许是OpenAI的ChatGPT变体，但这需要更多的技术创新，因为这些系统仍会犯很多错误。托尼·史塔克在电影中也会拿他的战衣开玩笑。目前运行良好的模型太大，无法安装在小型处理器上，因此边缘设备（一种计算机平台，这种平台无法立即、快速访问拥有巨大存储量和处理能力的云）实现自然语言处理还需数年之久。当我像彼得·潘一样飞行时，我可不想与一个慢吞吞、间歇性失智的人工智能进行令人沮丧的对话。

好吧，现在假设我们构建了这个系统，那么穿着机器人服可以做什么？

我们在第1章中描述了增强力量的外骨骼，也许可以将其与外骨骼结合起来，然后戴上壁虎手套，就像电影《阿凡达》

中在悬崖峭壁上起落的奇妙生物一样。你可以飞着去上班，降落在办公楼的一侧，从窗户进入办公室。在未来世界中，成百上千的人飞着上下班，人人都是詹姆斯·邦德和杰森一家的结合体。我们当然要提前考虑这种情况。不过，我们会处理好，套装的机器人元素对通勤来说很有价值。我的实验室开发了一些算法，可以有效引导大量飞行器在城市中穿行，为每架飞行器指定抵达目的地最安全高效的路径。（与郊区拼车的程序相同。）算法可以为每个通勤飞行员提供特定路线。安全起见，通勤时你不能随心所欲地飞行在城市上空和周边，但你仍可以飞行，而不是堵在路上，或挤在人满为患的车厢里。

周末时光也会很有趣！几年前，我为某摩托车及踏板车生产厂家提供咨询。他们给我的报酬不是技术咨询委员会的服务费，而是一辆漂亮的摩托车。我的家人很喜欢这辆车。我迫不及待地想学习驾驶它，但我也想成为负责任的母亲。安全是重中之重。得知可以购买带有嵌入式安全气囊的高档机车夹克时，我很开心。夹克装有电子设备和智能传感器，与摩托车一样妙趣横生——都需要启动才能用。倘若发生交通事故，巨大的安全气囊会从夹克内部展开，在理想情况下可以最大限度地减少受伤。夹克的灯光和内部感应让我又做起了富有创意的白日梦，我开始思考：如果这件夹克能飞行（例如，如果我们可以为其配备布朗宁背包），我们可以做什么。这样，周末我就可以和家人一起飞行，而不是骑摩托车出行。这听起来不切实际，更像是魔法而不是技术，但二者之间的界限比你想象的要模糊。

第 5 章 CHAPTER 5

想象力的释放

我女儿小时候睡眠不好，总是从床上爬起来，抱怨自己很无聊。多年后，她回忆起那些想象力肆意驰骋的夜晚。那时，她躺在床上，凝视着头顶的墙壁，想象一个神奇的入口，让她可以将手伸进墙内，取出玩具、饼干或让她开心的东西。

我和丈夫都是学者和科学家，但我们也是哈利·波特的粉丝，我女儿想象出这堵神奇的墙不足为怪。科幻小说作家阿瑟·克拉克有句经常被引用的名言，“任何足够先进的技术都与魔法无异”。我更喜欢另一种说法（我不确定其原创者是谁），“魔法只是我们还未发明的技术”。我女儿的想象新颖奇特，但我们并不需要魔法来实现它。通过机器人技术、机器学习和人工智能，电影“哈利·波特”系列、“星球大战”系列及其他奇妙故事中的许多“魔法”都可以成真。

机器人有让魔法成真的潜力。

人们认为有些事纯属异想天开，我们首先要摈弃或无视这种错误观念，才能以全新的视角看待世界。在这个新世界，人类的创造力与技术知识相结合，我们能审视看似神奇的应用，思考其实现方式。如今，利用对机器人技术、机器学习和人工智能的了解，许多魔法即使不能完全实现，也可以大致实现，比如飞行汽车、魔杖、隐形斗篷、变形，甚至圣诞老人盛满礼物的魔法袋。

在谈论魔法墙之前，我们先来思考《魔法师的学徒》中的一个片段。那是我最喜欢的电影片段，是迪士尼经典动画电影《幻想曲》中有关米老鼠（米奇）的短片。米奇扮演的学徒要提着水桶，沿着蜿蜒的长台阶从井边走到大锅旁，很快它就筋疲力尽了。趁着师傅（魔法师）熟睡，米奇决定施展一下一直在学习的魔法。它对着一把普通扫帚念咒，最终，扫帚活了过来。扫帚头变成两条腿，扫帚柄上长出了一对小手臂和小手，开始在房间里活动。米奇做了示范动作——提起两只水桶，装满水，然后将水倒入大锅。新扫帚会模仿它的一举一动。米奇为任务建模后，扫帚就开始为它工作。* 扫帚记录并模仿米奇的动作，做得八九不离十。小学徒懒洋洋地躺在椅子上，迷迷糊糊进入了梦乡，醒来后发现魔法扫帚的数量翻了好几倍，一晚上都在不停地干活，向大锅里倒了很多水，魔法师的住所全都被水淹没了。

《幻想曲》是 1940 年上映的，突如其来的扫帚大军揭示了

---

* 这一幕完美演示了被称为“模仿学习”的机器人训练技术。第 11 章中有更详细的探讨，机器人任务学习的基本策略就是观察人类的任务执行过程。

社会对机器人接管世界的恐惧，这种恐惧早在机器人和人工智能诞生之前就存在了。然而，扫帚在米奇睡觉时整夜工作，这种情况更像是编程错误，而非一个真正的问题。在现实世界中，机器人专家会清晰定义任务的端点。他们会对“工人”编程，使其在锅里的水达到一定水位后停止注水，甚至利用传感器的反馈，自动关闭系统。米奇应该为咒语设定一些限制。但我们如果抛开滑稽的混乱场面不谈，只考虑米奇的初衷及工作方式，会发现它与机器人专家设想的应用程序很相似。

算法和机器人怎样结合，才能让《幻想曲》中的“魔法”成为现实呢？首先，就像我前面说的，我们可以将物理世界中几乎所有无生命的物体变成机器人。[1] 你的扫帚、椅子、台灯都可以是机器人。我们习惯将机器人视为受人形启发而创建的系统（例如，人形机器人或机械臂），或将其理解为带轮子的箱子，但这种观点过于狭隘。我再说一遍，自然界或建筑环境中所有形状的物体都可以成为机器人。

这个想法或许很奇怪，但非常重要。我的实验室启动了一个项目，目的在于通过计算设计（人与芯片合作完成设计工作）和制造技术证明任何物体都可以变成机器人。[2] 首先，我们采用一种被称为“增材折叠”的方法——拍摄物体的照片，根据照片生成 2D（二维）设计模式（使用多个算法步骤）。该模式能以任何速成的方式（例如激光切割）打印。通过折叠 2D 图案（就像折叠手风琴那样），我们可以制作照片中物体的 3D（三维）复制品。（用于计算 2D 图案几何结构的算法可确保折叠后生成的3D物体看起来与图片中的物体一样。）然后，我们添加电缆和电机让物体动起来，并控制其运动。例如，我们可以拍摄兔子的照片，生成2D设计，将其打印出来，添加电机和电缆，创造一个脖子和耳朵都能动的兔子机器人。我们也可以用这种方法来制造米奇扫帚的机器人版。

我的同事兼好友、建筑师查克·霍伯曼创造了能变形的建筑。在某种程度上，我们的实验室研究将其成果向未来推进了一步。我们可以用增材折叠法创建各种尺寸的机器人。例如，在一次演示中，我们生成了悉尼歌剧院的机器人比例模型，它可以随着鲁契亚诺·帕瓦罗蒂的咏叹调跳舞。或许它很不实用，但工作了一天回到家，发现机器人清扫过的房子随着我最喜欢的曲调轻轻摇摆，我肯定会觉得奇妙无比。

所以说，任何东西都可以变成机器人，建筑物也不例外。我们可以用手势教这些新的建筑机器人执行任务，就像米奇教扫帚人那样。在我们的实验中，可穿戴传感器会收集用户肌肉活动的反馈，利用机器学习将传感器数值流（这些数值与人的手势有关）与特定的动作或任务关联起来。我来详细说明一下。

我住在波士顿郊区，家里没有大锅，也没有井，但有一个院子。到了秋天，院子里会落满树叶和灌木枝。我并不讨厌园艺活儿，但不想把周末时间都用来耙草坪或捡树枝。于是，我想象出一个系统，利用第1章中介绍的技术，为其添加机器人魔法元素。在动画电影中，米奇向它的扫帚展示了任务的基本要素。同样，我在院子里劳作一小时，激活柔性外骨骼服装来记录我的动作（通过嵌入式传感器，监测运动和肌肉活动）。也许我会戴上一副配有摄像机的眼镜，实时记录劳作的视觉细节。程序可将所有内容存储为数据，通过感知和记录我的动作来训练机器学习模型。模型会学习怎样耙草坪或捡树枝，以及如何处理收集到的东西。然后，我们派双臂轮式机器人来干这个家务活。*

起初，机器人只是米奇魔法扫帚的现代变体。它清扫院子，我则从远处用手势像指挥家一样指挥它。但一段时间之后，机器人学会了独立工作，我就可以与朋友或家人共度时光，甚至到大自然中享受令童年的我疲惫不堪的徒步旅行。如今，郊区的邻居可以共享除雪机等昂贵设备，机器人也可以在社区内共享，从而递延成本，让高性能的魔法机器发挥更大的价值。

在家庭中，双臂机器人还有许多其他用途。如果你的棒球或垒球投球技巧没有孩子期待的那么熟练，我们可以做一些修改，让机器人替你投出快球。也许我们可以教家政助理叠衣服。** 审视一下你的家，我相信你会发现很多物件都有可能变成智能机器。只需连接传感器和电机，添加计算，然后训练这些新的智能机器理解我们的意图，它们就可以帮我们完成任务，适应我们的需求，成为我们的队友。

---

* 为什么是轮式机器人？因为两条腿行走很复杂，需要太多的计算和机械能，用轮子滚动前行比较容易。

** 我之前提到，这在技术上是可行的。我们只是没完成所有工作，或者没能以合适的价格开发出合适的机器人身体。从这个意义上说，我们有可能建造出通用性更强的机器人，它们可以完成多项家庭任务（包括室内和室外任务）。我们可以将其视为机器人萝西的变体，只是功能相对有限。

我们已掌握指导机器人的方法。我和我的一位学生开发了一种手势交互系统，使用手环和臂带，通过电极监测前臂运动和肌肉张力或硬度。[3]我们在设有空中吊环的小型障碍跑道上，对飞行中的无人机机器人进行了测试。我们对特定手势进行编程，以匹配特定的命令或动作，如此一来，以某种方式移动手部，机器人就会向前飞，握紧拳头则会让它停止。移动手和手臂时，手势会转换为动作，机器人会随之穿越障碍路线，就像遵从魔法师的指令一样。你如果穿着柔性外骨骼服装，就无须佩戴臂带或手环。衣服里的传感器和计算可以跟踪手势，将其转换成命令。它成了一种可穿戴的魔杖。

在佛罗里达州环球影城的哈利·波特魔法世界主题公园，游客可以购买电子增强型魔杖，其精巧的技术设计重现了电影和书中的某些魔法。在根据故事复刻的商店里，大人孩子都可以购买魔杖，到公园指定的地点测试它的魔法。游客挥动魔杖，念出“咒语”，附近的物体就会动起来。比如，在某扇窗户附近念咒，一群巨怪娃娃便会开始翩翩起舞。

在家里或工作场所，机器人指挥棒是怎么控制机器人的？设备可以在空间中跟踪机器人的运动（手机能做到这一点，是因为有一种叫作加速度计的微型传感器），我们可以将某些动作与特定的命令关联或匹配起来。像巫师一样挥动魔杖便可构成一个动作。我们利用 Wi-Fi（无线网络）在感兴趣的物体内传输并启动动作。用魔杖在空中画一个小圆圈可能会触发清理地板的任务。如果我们制造出正常运行的叠衣机器人，你只需转动和轻挥魔杖就能启动它。

现在来谈谈我女儿的梦想。

她想把手伸进墙里，取出喜欢的东西。在某种程度上，那面墙就像驾着雪橇巡游世界的圣诞老人背上的袋子，袋子里面装着孩子想要的所有礼物，取之不尽。我们如何构建这个魔法系统？首先，我们假设圣诞老人的袋子里并没有装着所有礼物，因为那是不切实际的。如果他伸手去取礼物，礼物就可按需制造出来，情况会怎样？

如果可以，请想象一个装满可重新配置部件的容器（类似于可自行移动的乐高积木机器人），容器可以嵌入卧室墙壁，或装进圣诞老人的魔法袋。在我的实验室，我们用一袋沙来打比方。[4]需要某个工具或物品时，你告诉袋子，所需物品的各个部分就会在袋子里自行配置，然后你就可以从袋子里取出你要的东西。我女儿会从中取出玩具，帮她打发无聊的时光。如果这个魔法袋如她想象的那样嵌在墙里，那么，睡前她就可以将玩具塞回去。玩具将被分解，墙壁会等待她提出下一个请求。

从工程角度来看，这个过程是如何运作的？

我们不妨想象一下，假想的袋子里的每粒沙都是一个粒子机器人。

每个粒子机器人都必须能与其同伴建立和断开连接。每个粒子机器人也必须能够遵循指令，这样才能在更大的规划中发挥作用，形成所需的形状或物体。在遵循上述规划时，粒子需要与其他粒子相互通信，确定自己的身份。它们也需要某种电源。最后，它们要能快速运作。在我女儿的想象中，玩具可不能等上几个小时才变出来。她梦想的是，墙会像变魔法一样立即变出玩具！

多年来，世界各地的机器人团队一直在研究这个构想，还创造了各种术语，包括但不限于电子黏土、自重构机器人、可编程物质和智能黏土。电影中也出现了各种化身。热门动画电影《超能陆战队 6》的主角是个反派，他拥有一群可以快速变形的自重构机器人。[他是某大学研究团队的负责人，该团队类似于 CSAIL（麻省理工学院计算机科学与人工智能实验室）。我向你保证，我的实验室可没有邪恶的坏人，我们的研究人员都是做过背调的。] 另一个富有想象力的卡通片是《巴巴爸爸》，多年来它一直萦绕于我的脑海。它讲的是一个变形者家族，家族成员可根据手头的任务变形。它们将自己变成剪刀、乐器、汽车等。虽然大多数人将其视为卡通人物，但在我眼里，它们都是机器人。

我实验室里的自重构机器人项目与虚构的动画片不无关联，但更多地受到自然界的启发。自然界中的所有生物都由细胞组成，蛇和蚂蚁等复杂多样的生物是由细胞组成的，肺和心脏等器官也是。我想知道，如果我们有细胞机器人，将它们聚集在一起，形成不同的有机体机器人会怎样？机器人可以用最适宜的形状完成特定任务——例如，以蛇形爬过隧道，或者以三只手的形态在车间里工作。我们甚至可以赋予机器人创造自我的能力。举个例子，假设机器人要拿货架上的螺丝刀，但货架太高了，它够不着。如果机器人可以重组细胞，长出超长的手臂呢？或者，如果它将自己的手变成一把螺丝刀，会怎样？随着目标和需求的变化，机器人的身体也会发生变化。

我和我的学生首次尝试建造可重构机器人是在 20 世纪 90 年代，我们推出了两种有关单元模块或细胞机器人的早期设计。第一个名为“分子”，它是边长约 20 厘米（大概是一个足球的直径）的立方体。第二个名为“水晶”，只有“分子”的一半大，能够膨胀和收缩（或变大和缩小）两倍。[5] 最终，我们开发了一个基于智能电子立方体的新系统，称其为 M 块。[6] 这些设计让我们离智能沙袋的想象更近了一步。M 代表磁铁、运动和魔法。每个单元模块都比冰块稍大，通过在枢轴上的转动来移动。所有移动部件都位于 M 块的结构内，6 个面中的每个面都有一个圆形的电永磁铁，可以打开和关闭。如果我们希望两个相近的立方体连接，系统就会打开相邻的磁铁，将它们连接在一起。磁铁的吸力很大，即使立方体没有完全对齐，也能将它们吸在一起，这很实用，因为在现实世界中没有什么东西可以完美对齐。当我们想断开连接，让两个 M 块分离时，立方体的电子大脑会让磁铁失效。这听起来可能不像魔法，但它们跳跃起来，就好像被神秘的咒语赋予了生命一样。

为了让 M 块动起来，我们设计了一个可利用内部小飞轮的系统。飞轮快速旋转时，立方体留在原位。我们让它骤停时，之前旋转而现在静止的飞轮中存储的动力会使立方体向前跳跃，翻到一侧。我们可按指令重新调整飞轮的方向，使立方体朝不同方向转动。我们将这些技术与磁铁相结合，让粒子机器人跳跃、翻转、旋转、改变方向和相互攀爬。效果确实很奇特。这些看似迟钝、无趣的立方体会在没有外部移动部件（手臂、轮子或旋转的转子）的情况下自行跳跃。它们还能建立和断开连接，这也令人惊叹。

我们在努力缩小模块的尺寸，也在制造更大的粒子，它们可以自组装，形成新形状。我们还在探索如何在现实世界中利用这些单元模块。我想，你可以称之为实用魔法，但是要让系统变形，仅仅拥有能够变形的身体是不够的，还需要大脑来告诉它们怎么做。

想象一下，我们有一个由小单元模块组成的机器人身体，这是生物细胞的机器人版。大脑将其转变为智能可编程物质。大脑必须弄清楚，按照我那焦躁不安的女儿的要求，制作玩具需要怎样的连接和动作。为有效生成形状，或将一种形状变为另一种形状，我们开发和优化了算法，这方面的工作已经取得了巨大的进展。如果你想将形状 A 变为形状 B，我们的算法会计算出 A 与 B 在本质上有多少共同之处，因而不必移动全部模块，只需移动不同的部分。这可以最大限度地降低能耗，更快地完成变形。

假设我们在袋子或墙壁的隔层里聚集了一些微小的粒子机器人，“魔法师”可以用臂带、机器人服或电子魔杖启动这个过程。现在，我们来研究一下魔杖。

魔法师以特定的方式挥动魔杖，发出命令，这种挥动方式对应特定的行动，命令会通过 Wi-Fi 或蓝牙传输到那群智能粒子机器人那里。魔杖的运动有一个完整、特定的编码规划，它会告诉所有粒子机器人要做什么。或者说，魔杖可以为整个系统提供全局命令或指令集，让粒子机器人自行寻找有效完成任务的方法。

我们用自己设计的系统测试了该想法，开发了算法，团队可以协调粒子机器人的去向、相互作用的顺序，以及在组装过程中应该排除哪些粒子机器人。我们创建了一个名为“米切”的自成形系统，它可以用“电子石块”创造一只模块化的人造狗。[7]“电子石块”由一些边长约 5 厘米的立方体机器人组成。之后，我们将该系统缩小为边长为 1 厘米的新的模块机器人，称之为“卵石”。其能力是由一种新型算法实现的，该算法控制大量模块机器人（也称集群机器人），它们可以相互协调，朝着共同目标前进。集群算法具有挑战性，因为每个模块只能在本地感知世界，只能与群里的邻居通信，但系统的总体决策必须满足全局目标。粒子机器人只见树木，不见森林。然而我们了解到，集群机器人非常擅长来回发送信息，共享数据并协调行动，从而做出全局决策。

人类也可以做到这一点，但我们的速度要慢得多。举个例子，为了更好地了解人群如何协调行为，我们与 Pilobolus 舞团共同创作了一场参与性表演，名为“雨伞项目”。我们配备了数百把带有电子设备和 LED（发光二极管）灯的雨伞，用户可以选择配件的颜色。我们把这些雨伞送给数百人。每把雨伞都发出选定颜色的光，就像大聚合图像中的一个像素。我们将摄像机放在起重机上，置于舞团上方，将图像投影到巨大的户外屏幕上，设置场景音乐，然后向人们发出全局指令（例如按颜色分组），希望他们能够自组织，共同创造美丽的图像。有些指令要求人们根据身旁人的雨伞颜色做出反应。我们发现，人们对此应对自如，但很难确定屏幕上哪个像素对应于自己的雨伞，这需要花费很长时间，进行多次沟通。然而，大型集群机器人的信息交换和信息处理要快得多，计算几乎是即时完成的。*

人与芯片各有优势。20 世纪 90 年代，开始出现机器人足球比赛和表演，这是多个机器人之间复杂协调的另一个例子。我的好友、计算机科学家和机器人专家曼努埃拉·维罗索是卡内基－梅隆大学的项目负责人，他们创建了机器人团队，机器人不仅可以进行团队合作，还能以富有竞争力的方式合作，这增加了协调的复杂性。[8] 机器人各不相同。一些团队成员是索尼的 AIBO 机器狗，另一些则是定制机器或模拟游戏的虚拟代理。观看小型智能机器玩一款数十亿人喜爱的游戏，既引人入胜又趣味十足，但其娱乐因素不应削弱这项工作的重要性。最终，曼努埃拉及其同事证明，让一组独立的机器人合作完成共同目标是有可能的。

这和魔法有什么关系？在机器人科学中，我们开发算法或硬件时经常考虑某个应用程序，然后将其调整或运用到截然不同的领域。也就是说，为集群机器人或足球机器人开发的相同

---

* 动态图像的集体创作即使不在参与者所在地进行，人们也乐意加入。雨伞项目于 2012 年启动，世界各地的参与者达数千人。我们发现，这是疫情期间将人们聚在一起的积极且安全的方式。

的算法和控制系统可以用于控制家中的机器人。如果想将更多器具，甚至像门和门把手这样简单的物体变成机器人，用魔杖或手势在房子周围做出各种动作就可以了。工作了一天回到家，挥舞电子魔杖，或许还端着酒杯，惬意地看着一群机器人收拾房间、准备晚餐食材，这等好事我当然乐在其中。

不可否认，这与实现我女儿梦想的变形机器人一样，是一个遥远的愿景。例如，M 块就有很大的局限性。飞轮如果转得太快，就会转得太远，从而错过与其他模块连接的机会。最近，我们在开发一种名为“凝胶方块”的更柔软、更有黏性的组件，它的移动机制有所不同。[9] 我们也做过实验来缩小 M 块。在某个版本中，我们缩小了模块，将其边长缩到 1 厘米。遗憾的是，这个尺寸的模块磁性没那么强。尽管我们在不断缩小模块，但无法将所需的所有计算、驱动和电力装入这么小的模块中。

但我们无须等待沙粒大小的粒子来发挥变形机器人的魔力。我们如果打开思路，就会设计出非常现实、令人振奋的应用。例如，为什么不制造一辆可自重构后备箱的汽车呢？这样一来，当你在拥挤的城市排队等停车位时，或者当自动泊车汽车替你排队时，车尾就会像手风琴一样压缩。当你到杂货店购物，或者买了一件新家具时，后备箱就会变得比正常尺寸还大。

另一个例子是机器人船，它已经在阿姆斯特丹投入使用。[10] 这是我的朋友卡洛·拉蒂与麻省理工学院和阿姆斯特丹高级都市解决方案研究所的几位同事合作的项目。机器人船在水上的航行方式类似自动驾驶汽车在路上的行驶方式。我们正在打造一支自动驾驶水上出租船队，旨在缓解交通拥堵问题。机器人船是一个长 4 米、宽 2 米的长方体。锂离子电池为 4 个不同的电机提供动力，每个电机驱动一个螺旋桨。一组传感器（包括摄像头和激光扫描仪）为机器人提供感知能力，来感知周围的环境。机器人船的大脑在很多方面类似自动驾驶汽车，但增加了一些复杂性。自动驾驶汽车的驾驶条件是坚实平坦的道路，很少有变化，但阿姆斯特丹运河中的水会随着潮汐变化而涨落，风浪或其他水上交通工具的尾流也会带来水面的变化，船在水上的动力学（船下沉的程度和转向方式）会根据载重量变化。尽管如此，经过几年研究，在创造了几个原型之后，我们还是成功建造了机器人船，它能可靠、自主地在河上航行，安全停靠，在预定地点之间安全运送乘客。

机器人船是矩形的，因此可以对齐和连接，我们为其安装了可折叠的折纸结构的机械臂，可以延伸到码头上，最重要的是，它能延伸到另一艘机器人船的一侧。魔法元素在此出现：机械臂使机器人船有能力像巨大的魔法沙粒一样进行自我组装。每艘机器人船都起到粒子机器人或构建块的作用，一组粒子机器人或构建块可以组合，形成具有完全不同功能的新物体。它们可以变身为水上平台，人们可以聚在平台上购物或听音乐会。还有另一种可能性，这就得说起我小时候的事了。

初中时，我是体育俱乐部乒乓球队的队员。在那时的罗马尼亚，人们外出都是步行，而不是像现在一样开车。俱乐部离我家的直线距离不远，但要去那儿必须沿着河边走，过一座桥，再沿着河边返回。我缺乏耐心，也不想一天两次走那么远的路。我想用魔法变出一座桥，让我瞬间过河。

某个冬天的傍晚，河面上结了一层冰。我急着从俱乐部赶回家，又怕在冷天走远路，索性踏着冰过河。离岸边不远时，冰面裂开了，我掉进了刺骨的河里。好在那是浅水区，水只到膝盖。但我厚厚的羊毛大衣全湿透了，气温远低于冰点。30 分钟后我回到家，外套已经结冰了。

幸运的是，我活了下来，也意识到了独自穿越结着薄冰的河有多蠢。多年后，我们在阿姆斯特丹进行“机器人船”项目时，这段记忆又浮现在我的脑海。机器人船可以做那条河上的渡船（至少在河上的冰解冻时)，也可以实现我对魔法桥的幻想。每艘船的船头都可以通过可折叠机械臂连接到另一艘船的船尾，在河面上形成一条临时的平坦通道。

当思考如何将魔法和机器人学相结合时，我会不断想起米老鼠和它的扫帚。如果可以通过机器人学、机器学习和人工智能唤醒家中更多的无生命物体，你会做什么？想象一下，拿着电子魔杖在家里走动，开关门、启动叠衣机器人，或者移动家具为聚会做准备的情景。如果家具能变成机器人，你就可以拥有这样一套小公寓，它可以在一天中从卧室变成客厅，再变成餐厅。沙发和椅子可以根据你的需求移动、变形、隐藏或重新布局。初创公司已在制造这类机器人。机器人公司 Bumblebee Spaces 创造了收纳在天花板上的家具，这样一来，它就可以根据用户需要在同一个物理空间创建客厅、卧室或餐厅。你可以指挥小机器人助手打扫房间，这些小助手是魔法保姆和钢铁侠的混合体、技术增强版的玛丽·波平斯，你的魔法公寓会非常干净。

我们甚至可以将这些机器人变成启发智力的、有趣的儿童玩具。还是年轻妈妈时，我设计了一款风铃机器人，孩子半夜醒来，机器人会做出智能反应，哄他们入睡，这样我就可以多睡几个小时，这种不间断的休息很难得。我并不想逃避为人父母的责任，但睡眠对产后几个月的妈妈来说非常宝贵，去问问产后的妈妈，她们都会感同身受。不过现在，让我更兴奋的是，有可能产生与“哈利·波特”系列电影有关的惊喜和魔力。M块可能太大，我们无法用它来造出我女儿想象的塞满可重构物品的墙，但如果我们将其变成玩具会怎样？这些可重构、可移动的智能方块可以成为玩具，孩子在玩耍时可以尝试构建其结构。人们还可以用它来互动，与远方的朋友、祖父母或旅途中的父母一起玩。孩子移动一个方块，紧接着远方的玩伴操纵联网控制的虚拟的方块，方块就会相应地跳跃或滚动。这是让孩子远离计算机化的虚拟体验、重返现实世界的好方式，但它仍是一款基于技术的游戏，具备核心吸引力。上述例子只是一些可能性。你会用电子魔杖来控制什么？你会通过机器人技术和人工智能让哪些物体活过来？你会如何利用机器人，将魔法带入自己和周围人的生活？一旦你意识到，利用数学模型、算法、复杂的工程设计和有创意的新材料，看似神奇的东西就可以被创造出来，那么我们在故事中读到的魔法就不再是遥不可及的幻想。

第 6 章 CHAPTER 6

视野的拓展

大多数人在走进会议室或教室时，不会费心找座位。但倘若失去了视力，看似简单的找座位就变得难如登天了。如何确定房间的大小或形状？如何找到并识别桌椅等障碍物？即使这些问题都能解决，你也得找到一个空座，穿过房间走到目标位置，过程中不能撞到人或物。房间里的其他人可能来回走动，情况因而会变得更复杂。

对视障人士来说，这只是一天中面临的一项挑战。安东尼·多尔在其小说《所有我们看不见的光》中写道："闭上眼睛就不会对失明一无所知。"我认为这句话表明，视力正常者对失明的感受知之甚少。通常，视障人士拥有自己的超能力，因为他们会放大其他感官输入，能最大限度地利用这些输入，其听力范围和精确度远远超过视力正常者。我只能想象他们在日常生活中必须克服的诸多障碍。然而，缺乏理解不应成为不作为的借口。技术人员有责任分析这些挑战，提出解决方案，寻找落实解决方案的方法。在计算机和传感器可以让魔法成真的世界里，我们能实现的远不止魔法手杖。

推进技术发展的方法之一是以不同的方式思考视力。视力正常者的眼睛实际上是收集光线的传感器。双眼将信息传输到大脑，大脑创建外部世界的画面，让我们能识别周围环境中的面孔、物体和其他细节，并在空间中定位。如果改变或升级我们的生物传感器会怎样？如果我们不仅能利用技术帮助视障人士，还能增强所有人的视力，结果会怎样？如果我们可以利用机器人学和人工智能，以令人振奋的新方式看待世界，甚至看见原本不可见的事物，结果会怎样？

我们的世界中，光的波长有很多种，不光只有我们的视网膜可以处理的窄带光。机器人可以展现以前看不见的空间的新景象。新研究为超人式的X射线开辟了视觉之路，让我们穿透墙壁和角落看到物体。我们可以放大场景和动作，发现肉眼不可见的现象和模式。

多年来，专业和业余科学家用显微镜观察周围肉眼看不见的微观世界。现在，我们可以考虑在其基础上为人造眼睛增加一层智能，将视野扩展到不可见的微观领域。我父亲在医院做了一个普通手术，结果血管意外破裂，导致严重的术后并发症。如果外科医生的器械或其他手术设备具有更高级的智能，拥有超出医生正常视觉范围的感知能力，就可以避免此类问题。设备性能的增强不会削弱外科医生的作用，而会将其视野扩展到更深的手术部位，提高他们的能力。智能工具机器人可以在意外发生之前提醒外科医生。

我们都习惯利用技术放大图像中的小特征。新冠疫情期间，我经常用智能手机摄像头放大我的新冠抗原检测试剂盒。我的视力很好，但有时提示线很难辨认，摄像头确保我不会错过模糊的阳性结果提示线。在尝试通过机器人的镜头看世界时，我们获得了一个非常重要的认知，那就是人类的肉眼错过了很多事物。机器人不仅能放大图像（比如放大我的试剂盒），还能放大人在运动时身体出现的细微变化。我的同事比尔·弗里曼领导的团队开发了一个系统，可以让你看到人的脉搏。[1]血液流经面部时，皮肤会泛起红晕，这个变化是人类用肉眼很难察觉的，但比尔及其团队开发了一种可处理人脸视频的技术。先将视频分割成静态图像，然后跟踪特定位置的像素，放大变化之处（例如，血流导致的脸红）。接着，系统会生成人脸视频，显示与心跳同步的脸色变化。他将这个过程称为“运动放大”。在所有视频中，细微的运动细节得以突显，从而使人看到原本难以被看到的动作。

为了使该技术发挥作用，必须精准测量视频连续帧中的精细运动，比如脉搏跳动。必须修改这些运动图像的像素，才能以放大的比例展示现象。我们可以基于位置、颜色和运动的相似性，通过像素的聚类进行测量。接下来，让这些像素群随时间的推移相互关联，相似的运动分成一组，从而形成轨迹。最后，修改视频中的每一帧，使放大的区域与视频的其余部分完美融合。这个过程类似于立体声系统中的平衡调整，只不过调整重点是颜色等视频特征，而不是音频频率。

这项技术还可以用于监测婴儿的睡眠。孩子刚出生时，我几乎夜夜无眠。当然，这对新手妈妈来说司空见惯。父母总是担心孩子的健康，想知道自己睡觉时隔壁房间宝宝的呼吸是否正常。比尔及其团队不仅演示了如何监测血流的变化，还展示了如何放大婴儿身体的微动作，让我们的肉眼可以看到它们。在一个例子中，他们利用这项技术放大婴儿呼吸时的胸部起伏。婴儿睡在身边时没必要这么做，但使用标准的婴儿监视器时，这一功能会让人心安。系统通过在远程屏幕上放大婴儿胸部的运动，让你知道孩子的呼吸是顺畅的，这样你至少可以试着回屋睡一觉。我们也可以添加一些智能设置，当婴儿的呼吸模式出现异常时，监视器就会向你发出信号或警报。

我们看不见的光是怎样的？那些在世界中传播、健康人有限的视力无法看到的隐形信号又是怎样的？我的同事兼好友狄娜·卡塔碧开创了一种新方法，通过监测 Wi-Fi 信号来查看周围环境，这种方法甚至可以让人看到墙壁另一侧的事物。[2]

家中的 Wi-Fi 路由器不断发射无线电波。人走过房间时会扰乱这些电波，就像航行中的巨轮扰乱翻滚的海浪一样。可见光无法穿过墙壁，但无线电波和 Wi-Fi 信号可以。狄娜及其团队发现，可以监测无线电波，利用机器学习估计某种干扰产生的原因。该技术还可以监测孩子的呼吸模式或老人的步态，在老人跌倒时提醒远处的家人或护工。“X 射线视觉”并非科幻小说里的内容，一些疗养院和医院已经启用该系统，以远程监测病人和老人。[3]

在比尔·弗里曼和安东尼奥·托拉尔巴的帮助下，我的实验室开发了另一种方法来监测不可见的运动。具体地说，是查看拐角处的情况。[4]我们设计了一个应用程序，让轮椅和汽车机器人监测地上的阴影，发现拐角处不可见的运动，在监测到运动时停止前进或减速。如果我站在走廊上，而你在旁边相连的走廊上走动，那么我用肉眼无法看到你。尽管你在视野之外，但我们可以将计算机视觉系统（与人造大脑相连的摄像头）对准走廊交叉处的地板区域，通过监测交叉区域肉眼难以察觉的阴影变化来推断你在做什么。系统无法显示你的脸部图像，但可以告诉我，你在那儿，并且在走动。

我们开发了一款名为“看到拐角处”的自动驾驶汽车应用程序，在实验室的地下停车场进行了测试。[5]这个停车场重新定义了“空间经济”的概念，它的停车位非常多，这对有停车需求的员工很实用，但确实存在驾驶隐患。拐角和坡道都非常窄，开车经过时，很可能不小心撞到车辆，甚至撞到机器人专家。我们在一辆自动驾驶汽车上测试了阴影感应系统，它绑定了警报系统，如果前方拐角处有物体靠近，系统就会通知汽车。该系统至少在室内运行良好。较大的麻烦来自阳光。随着太阳的移动，光线的亮度和变化增加了阴影监测的复杂度。我们正在努力解决这个问题。

该技术的核心理念是，检测肉眼不可见的运动，充当车辆和司机的另一双眼——这双眼提高了我们的肉眼能力，也增强了半自动驾驶汽车上视觉传感器的能力。此外，无论是运动放大、X 射线视觉还是阴影感应，都可以嵌入可穿戴机器人系统。例如，一副智能眼镜可以提供增强现实场景，让你看到不可见的事物。戴上智能眼镜，医生走进检查室，可以立即看到病人心脏跳动的情况。安保人员或警察可以在黑暗中查看周围角落的情况。父母无须冒着吵醒熟睡婴儿的风险溜进房间，只需通过智能镜头或监视器从远处扫一眼，就能知道孩子处于正常状态。

此类技术的共同目标并非取代肉眼，而是增强肉眼的能力，将视觉扩展到隐藏空间或微观空间。但它对视障人士有什么用呢？

辅助技术可以帮助视障人士，许多研究团队正在进行这方面的开创性工作。作为其中的一员，我们也在尽力完善"智能手杖"的功能。微软研究院一直在开发带有嵌入式摄像头、深度传感器、扬声器和计算功能的头带原型。用户戴着头带转头时，系统的摄像头和物体识别软件可以识别家人、朋友或同事，向用户提示他们的存在和位置。日本计算机科学家浅川千惠子[6] 14 岁时因事故失明，她利用遍布室内的小型导航信标，开发了一种解决方案。[7]这些信标通过蓝牙与智能手机进行通信，告知用户其空间位置，让他们无需手杖就能安全行走。浅川还在开发一种更小的导航系统，帮助人们在没有预设信标的情况下穿过建筑物甚至机场。[8]

我们的实验室采用另一种方法，让著名的盲人男高音歌唱家安德烈·波切利以全新的方式"看"世界。我们自问，如果将自动驾驶技术转变为轻量级的可穿戴系统会怎样？简言之，如果我们将汽车机器人技术应用在人身上会怎样？

实现这个目标需要增加两个硬件：导航腰带和智能项链。[9]我们没有采用大型车载旋转激光扫描仪，而是采用了体积较小、同样无害的聚焦激光来完成任务。我们在腰带上安装了7个直径为1厘米的单光束激光器，看起来很时尚。单光束激光器无法提供360度视角，但我们在人体的左右髋部各放置一个，腰部中间放置一个，这些点中间再放置几个，以不同的方式调整其角度，有些略微朝上，有些略微朝下。激光器会在测距后向用户提供详细的信息，提示前方和两侧潜在的障碍物。腰带内部装有振动电机和必要的电子设备。人移动时，电机会振动，发出障碍物靠近的信号，以此作为触觉反馈。右侧电机振动时，说明右侧有障碍物。我们还在链条上放了一个小摄像头，用户可以像戴项链一样佩戴它。最后，我们将这些传感器（扫描仪和摄像头）连接到一个处理器上，其能够运行所有必要的计算，并理解数据。可穿戴原型可以感知周围环境，处理传入的传感器数据（思考），通过发出警报或警告来采取行动。

使用安全导航系统原型的用户在行走时，激光传感器和摄像头会将信息传给计算机，我们为汽车开发的规划、导航和避障算法将发挥作用。起初，我们想通过音频提醒用户“左侧有堵墙”或“前方有把椅子”，但与一位盲人同事交谈后我们了解到，最好将系统设为静音。他说，希望在较少或无干扰的情况下“听到”空间及周围的动态。（我们这些视力正常者对视障知之甚少，这又是一个有用的提醒。）经过多次研究，我们开发了另一种技术，它不再利用听力，而是利用感觉或触觉（以电子方式传递触觉的科技）。这就是我们在腰带内部添加多个小振动电机的原因——它们在“感知–思考–行动”的循环中执行动作。

激光从人右侧的墙上反射时，计算机会发出信号让电机振动，人就会感觉到墙壁。靠近墙壁时，激光路径缩短，计算机做出正确的假设——人与障碍物之间的距离缩短，于是振动加剧。远离墙壁时的情况正好相反，振动会减弱或停止。

处理比坚固垂直的墙更复杂的物体（比如椅子）时，系统会通过可编程盲文设备进行通信，该设备的引脚会移动，对应所显示的单词。我们在腰带上添加了盲文装置，作为一种时尚的技术性搭扣。摄像头会捕捉椅子的图像，计算机系统中的物体识别算法会识别它，我们可以通过更多软件传递这些信息，用盲文发送消息，表明道路前方的不远处有一把椅子。

该系统的测试及其表明的可能性都令人振奋。我们首先在麻省理工学院的实验室进行了实验。我的盲人同事保罗·帕拉瓦诺勇敢地做了志愿者，提供了反馈信息。保罗在走廊里走来走去，上下楼梯，为我们提供了非常有用的反馈。经过一些调整，我们在 2015 年意大利米兰世博会（全球技术、创新和文化博览会）上向更多观众展示了该系统。我们构建了一个简单的迷宫，邀请盲人或弱视人士（在自愿的情况下）使用该系统穿越迷宫，然后计算他们通过触摸墙壁引导自己的频率。结果为零。所有行走于迷宫的受试者都没有伸手触碰墙壁以获得确认或做出调整，也没有人需要手杖。其中一位受试者非常享受这番体验，走了三回迷宫。他说，他不想归还原型机，他想跑过大教堂广场，找个长椅喂鸽子。

我们的演示结束后，最大的导盲犬训练中心“盲人之眼”的总裁兼首席执行官托马斯·帕内克了解到了该项目，并设想了另一种可能的应用。他是一名出色的马拉松运动员，尽管双眼失明，但跑了好几场马拉松。托马斯问我们是否可以增强导盲犬的能力，帮助盲人避开导盲犬视野上方的障碍物，例如树枝和电线。我们对这一挑战很感兴趣，开发了一个系统，安置在狗绳的手柄上，可以向上看，检测到障碍物，以振动的形式向用户发送信号。

看到团队研发的技术增强了人们的能力，甚至让人们开心，我们很欣慰。自动驾驶汽车技术的这种应用完全出乎预料，因而在智力层面也振奋人心。在开发自动驾驶汽车时，我们没想到会通过缩小、修改和调整系统来帮助人们。但这并不罕见。今天在机器人技术领域发生的技术突破，结合传感器和计算机处理单元的微型化，正在不断开拓出新的领域。我们为特定项目或任务开发的方案能以出人意料的新方式得以应用，或重新调整用途。例如，我们在新型机械手方面的研究成果可用于降低癌症治疗的成本。导航系统并没有让视障人士重见光明，却提供了一种全新的方式，让他们通过感觉或触觉而非标准的视觉来感受房间里的事物。

我们还安排了一次私人测试，其灵感来自我们的项目。受试者安德烈·波切利 12 岁时失明。刚开始测试系统时，安德烈有些害怕，左右移动身体来做出调整，但很快就像其他受试者一样运用自如了。系统运行得非常顺畅，他冲出房间，跑进院子，沿街跑了起来。他的妻子维罗妮卡·贝尔蒂也是其公司的经理兼首席执行官，开玩笑说我们的系统让她失业了！

今天，我们的视觉系统可以放大不可见的微特征和微运动，使不可见和看不到的事物变得可见。怎样才能确保尽可能多的人从这些技术中受益？社会需要找到一种方法优先考虑此类工作，而不是让它因市场对投资者缺乏吸引力而被搁置。我们应确保人与芯片的有效结合，充分利用彼此的优势，这一点至关重要。但是，我们要记住，在这个可能性极大的空间里，有可以探索的应用、理念以及必须努力实现的技术，开创未来需要用心，不能只依赖资金。我们应竭尽所能让系统惠及普罗大众。

第 7 章 CHAPTER 7

微观的精妙

1957 年，机器人先驱乔治·德沃尔（条形码的发明者）与约瑟夫·恩格尔伯格（被誉为现代机器人学的创始人）在一次鸡尾酒会上相遇。两人都对艾萨克·阿西莫夫感兴趣，阿西莫夫是广受欢迎的科幻小说作家，提出了著名的机器人三定律。

阿西莫夫的小说主角是能力超群的类人机器人，但恩格尔伯格和德沃尔开始讨论更实用的装置。德沃尔一直致力于一种机械臂的专利研究，他称之为“程序化物品传送装置”。他想发明一台能快速重复完成相同任务的机器。恩格尔伯格意识到，德沃尔想要的其实是一个机器人。为实现科幻愿景，两人结为合作伙伴。恩格尔伯格为项目筹集到资金，成立了一家公司，于 1959 年在通用汽车装配线上安装了第一台工业机器人尤尼梅特（Unimate）。[1]

以今天的标准来看，尤尼梅特及其后续升级型号都非常简单。尤尼梅特 1 号是一个固定在稳固大底座上的机械臂。手臂可以前后、上下移动。手臂末端可以安装夹钳等不同的工具，工具可以在空间中旋转。按照现在的标准，这个早期机器人并不是智能的，但经过编程，可以重复执行相同的任务，而且确实能发挥效用。机器人的第一项工作是从压铸设备中取出危险的高温零件，将其放入容器中冷却。它成功地完成了任务。随着时间的推移，尤尼梅特及贯彻其理念的后续机器人承担的任务越来越多样化。

第一台工业机器人的成功部分归功于恩格尔伯格，他是一位出色的推广者。1966 年，他将机器人带到约翰尼·卡森的《今夜秀》节目中。这是一个大胆的举动。机器人专家在演示时可能会犹豫不决，尤其在众多观众面前经常会出漏子，但恩格尔伯格面对数百万电视观众毫不怯场，他和团队设计了一系列演示，结果大获成功。他为尤尼梅特编程，让它拿起一罐百威啤酒，然后将啤酒倒进杯子。机器人还将高尔夫球推入洞内，甚至挥动了几下指挥棒，指挥了节目组的管弦乐队。

从公共关系的角度看，这些演示很精彩，但它们具有误导性，因为机器人只能执行预先编程的、脚本化的动作。如果卡森移动了玻璃杯，尤尼梅特就无法感知这种变化并做出调整，它会将啤酒直接倒在《今夜秀》的桌子上。同样，如果啤酒罐的位置变了，机器人的抓取器也无法读取变化，并做出恰当的反应。它很可能打翻啤酒。然而，这次演示的成功与工厂机器人在实际应用中的成功让公众看到了各种可能性。工业机器人领域很快开始蓬勃发展。数百台尤尼梅特机器人被用于完成压铸作业，在经过改良之后，它们也可以执行点焊任务。几十年过去了，一代代能力更强的工业机器人被开发出来，应用范围也越来越广。

如今，汽车、医疗、电子和消费品等行业的装配线上都有工业机器人工作的身影，主要职责仍是完成尤尼梅特最初展示的拾放操作。现代工业机器人以非凡的速度和精确度移动，是人类的工程杰作。例如，备受欢迎的爱普生工业机器人只需1/3秒即可完成任务，重复定位精度可达5微米，相当于人类头发丝直径的1/15。这种令人难以置信的精确度并非机器人的早期卖点，但如今已成为一项主要优势，其应用领域也出人意料。在外科手术和农业等领域，机器人也带来了更高的精确度。

读博期间，我为引导和控制机器人的抓取器编写算法，那是世界上最棒的机械手，由我的好友、工程师和发明家肯·索尔兹伯里建造。[2] 那时他从事机械手研究已有数十年。6岁时他就制作了一根机械手指。多年来，肯和他的学生开发了许多开创性的机械手，协助创建了触觉领域。20世纪90年代中期，一位老友邀请肯前往加州，与一家新公司洽谈业务。此后不久，肯开始为达·芬奇手术机器人开发一些关键系统（达·芬奇手术机器人是当今世界上最成功的机器人之一）。[3]

人与芯片协同工作可以取得更大的成功，达·芬奇手术机器人就是一个绝佳范例。与电影中看到的不同，智能机器无法独立完成手术。在电影《星球大战前传3：西斯的复仇》片尾，一组机器人为烧成重伤、肢体残缺的阿纳金·天行者做了手术。

但目前，这种程度的自主性还无法实现——即使以某种方式实现了，也不该将手术这样重要的事交给自主机器。现在我们看到的是训练有素、能力超群的人类外科医生将达·芬奇手术机器人和其他系统作为工具，以较高的精确度和较小的切口完成手术。我采访过一位外科医生，与他谈到机器人在医疗领域中的作用，他认为机器人最大的用途是在复杂、高风险的外科手术中拓展人类的能力。但他也告诉我，对于低风险、高频率的手术，机器人的帮助也非常大，它能提高外科医生的工作效率，减少医疗过失。

手术室里，外科医生坐在靠近患者的控制台前操作达·芬奇手术机器人。手术器械悬停在患者上方，它通常由底座和 4 条机械臂组成。控制台上的外科医生操纵两个手持式机械手，这两个机械手操纵机械臂末端的不同器械，比如钳子。微型内窥镜传递手术部位的高分辨率 3D 显像，能将图像放大 10 倍，让外科医生细致地观察该部位，这是将视野扩展到微小部位的一种方法。该系统旨在让外科医生实时监测操作的器械，就好像器械握在他们手中，在其肉眼下活动一样。工具的设计目的是提高精确度。外科医生必须将其中一个手持式机械手移动 10 厘米，工具才能移动 1 厘米。系统会消除因医生双手颤抖而产生的误差。[4]

另一个流行的机器人手术系统是 Mazor X 隐形版，其设计目的是协助特定类型的脊柱侧弯手术，非常适合我的外科医生朋友描述的高风险手术。手术要沿患者的脊柱置入十几颗螺钉，插入不同的椎骨，然后用金属杆将这些螺钉连接起来，这有助于拉直患者的背部。多年以来，这项手术的成功全靠外科医生的双手操作，但它仍属于高风险手术。倘若其中一颗螺钉错位，碰到脊髓，患者就可能瘫痪。精确性至关重要，脊柱外科医生很乐意让机器人做助手，减少相关风险。手术前，外科医生借助 CT（计算机断层扫描）和 3D 可视化软件设计每颗螺钉的置入位置。人工智能驱动的机器人会提出特定的对齐方式，外科医生会运用丰富的知识和准确的判断力，以他们认为恰当的方式进行调整。外科医生完成手术设计和计划，选择好每颗螺钉的位置之后，机器人就会执行程序，严格按照计划插入每颗螺钉。

人类的专业知识设定场景，机器人精准命中靶心。

通过手术机器人提高精确度的想法可以扩展到全新的领域，更接近于科幻小说中的畅想。例如，我的实验室进行了微型机器人实验，它们可以像维生素一样被吞进肚子，到达感染或内伤部位，实施治疗后通过消化系统排出去。有些机器人是用香肠肠衣制造的，因而可生物降解。[5] 我们需要一个目标应用来测试该想法，我的一位学生建议我们解决由美国中毒控制中心报告的一个日益常见的怪象。每年，美国有超过 3 500 人吞下微型纽扣电池，这一数字还在上升。大多数案例涉及儿童，这不足为奇。取出电池需要手术。

想象一下，一个孩子刚刚吞下一块电池。一小时内，电池的成分就会渗入胃组织。通过标准外科手术取出电池会造成严重的创伤，增加疼痛和感染风险。现在想象一下，将一个可消化的小型机器人装入适合孩子吞咽的小冰囊中。冰囊进入胃里，冰会融化，机器人会像折纸一样展开。通过操纵外部磁场（“魔杖”的另一种形式），外科医生会引导磁性药物机器人穿过胃壁准确到达创伤部位。

通过这种方式，机器人可以让外科医生在无切口的情况下进入孩子的胃部。机器人会用小磁铁吸住电池，然后被自然地排出体外。之后，外科医生可以引导第二个药物机器人到达伤口位置，有针对性地直接用药。在我们的实验中，第二个机器人的形状类似手风琴，我们用外部磁场引导它前进时，机器人折叠、展开身体，像尺蠖一样穿过人造胃黏膜。到达目标位置后，机器人会展开并覆盖伤口。在真实的医疗场景中，折叠机器人装载着预防感染的药物。机器人由可生物降解的材料制成，一段时间后会分解，用来引导和控制它的小磁铁会通过消化系统排出。药物不需要切口就能精确到达感染部位，孩子当天即可出院回家。如今，这种机器人只是实验室里的原型，但谁又知道，5 年或 10 年内它会将人类带往何处，此类技术又将产生哪些潜在的影响。再来举一个医学领域的例子。

机器人辅助手术之所以复杂，原因之一是人类是有生命、会呼吸、不断变化的有机体，而不是工业零件。我们的身体并非完全静止的。因此，脊椎手术机器人的系统必须能持续跟踪患者、患者脊柱及机器人组件的准确位置，确保其精确度。除此之外，还需要技术确保人与机器人的位置保持精准的固定，这与我们实验室研究的内容很相似。不过，我们在该项目中研究的是如何改进癌症的治疗方法。

癌症的传统疗法放射治疗依赖X射线，治疗肿瘤的效果很好，但会损害邻近的健康组织，产生副作用。替代方案是质子治疗，它直接将高能粒子窄波束射向癌细胞，从而减少了连带损伤。遗憾的是，粒子束的产生需要粒子加速器和100吨重的龙门架来精确引导质子流。这些设备需占用一栋小型建筑，成本高达1亿美元。非常遗憾，世界上的质子治疗中心并不多。虽然只有1%的癌症患者能接受这种治疗，但多达50%的患者会因此受益。[6]麻省总医院的托马斯·博特菲尔德和闫素素问我是否可以重新设计系统。我们能利用机器人和人工智能，找到一种惠及更多患者的疗法吗？质子治疗系统中最大、最贵的部分是龙门架，它可以精确控制粒子束，击中目标肿瘤。我们想知道，如果不操控粒子束，而是让它保持静止，结果会怎样？如果我们移动的是病人，结果会怎样？

沙发机器人已经在传统的放射治疗中得到了测试。我们首次推出一个系统，它具有质子治疗所需的实时跟踪和适应能力。该系统由两部分组成。机器人的柔性外骨骼包裹在患者的腰部、肩膀和上臂，使其准确固定在身体的某个部位。[7]我们无须为这一应用从头研发技术或机器人，只需利用另一种形式的FOAM致动器。这个柔软的固定系统可以连接到座椅机器人上（该机器人通常用于飞行模拟器）。我们将商用椅子改装成精密的患者定位器，将其连接到视觉系统，该系统会随粒子束跟踪患者。这样，柔性的固定机器人工作时，就算患者小幅移动，椅子仍可做出必要的调整，确保粒子束击中正确位置。在我们的早期测试中，系统能够迅速对患者的体态变化做出反应（例如，患者之前无精打采的体态发生了改变），重新调整到 1 毫米的精确度范围内。这是临床环境要求的精确度。[8]

机器人系统带来的较高的精确度也惠及了新行业，有些应用出乎意料。以农业为例，许多公司在开发自主或自动驾驶拖拉机，这种拖拉机不需要人工操作就能耕地。[9]农民的时间有限，劳动力不足，自动驾驶拖拉机不仅能节省宝贵的时间，还能提供前所未有的精确度。它可以耕出笔直的垄沟，准确跟踪种子的种植数量和位置，监测其生长变化。约翰迪尔公司利用高精度农业技术自动区分农作物和杂草。拖拉机伸出的吊杆上安装了多个立体摄像头，耕种完毕，拖拉机向前开动时可研究地面情况。立体摄像头会捕捉实时图像，将其与图片库中美国各地的 5 000 万张田地图片进行比较。机器学习算法使系统能够区分杂草和农作物，在需要的位置准确施用除草剂。相比在整个区域用飞机喷洒农药，机器人辅助的精密应用可减少 80% 的化学品用量。

工业或医疗级的精确度需求在家庭或休闲环境中可能没那么重要，但我仍可以设想许多有价值甚至出人意料的应用。年轻时，我们会将精准操控的能力视为理所当然，衰老的副作用之一是丧失这种能力。大多数人都能提笔清晰地写下自己的名字，或给朋友、同事及亲人写一张简短的便条。这种能力可能会退化，中风后或者帕金森病等诱发震颤的疾病发作后，退化尤为明显。柔性的、可穿戴机器人套袖能让老年人提笔给孙子写生日贺卡，或者举起精致的香槟酒杯祝酒。可穿戴套袖和手套可以感知颤抖，施加反作用力来稳定手部，帮人们恢复丧失的精确度。

相比尤尼梅特和其他早期工业机器人，今天的机器人在精确度方面完成的任务令人难以置信。如今，机器人的拾放操作已经很先进，我们应该将人们从枯燥、重复的任务中解放出来。设备可以非常精准地定位世界中的人和物。外骨骼可以让人在老年时保持灵巧，帮助我们在工作中学习新技能，或者在高风险的外科手术中充当可靠的助手。帮助老年人完成精细操作任务的机器人手套也可以改为儿童专用版本。书写字母和数字是一项与精确度有关的技能，在机器人的帮助下，孩子这方面的学习速度可能更快，因为机器人可以稳定孩子的手和手指，在他们可以独立书写之前为其提供细致的引导。

如何让精密机器人发挥更多的作用？世界各地的机器人实验室正在酝酿大胆的构想，开发更多的应用。毫无疑问，更多想法和应用设想也在年轻发明家的脑中萌发。过去10年，机器人技术和人工智能取得了巨大的进步。机器人具备各种能力，但它们并非魔法。我们无法像巫师的学徒那样挥动魔杖，立即赋予衣服、车辆和家居用品神奇的能力。所以我们必须构建这样的机器人。我们必须设计、建造、组装和测试机器人的身体和大脑，确保二者有效合作，为人类提供服务。

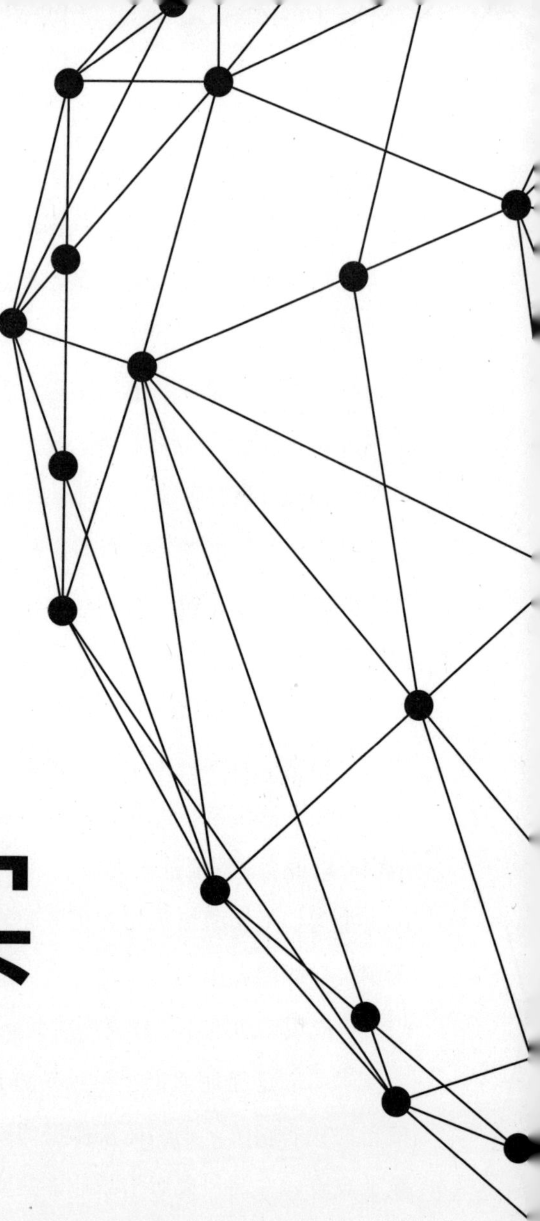

PART TWO

现实

[第二部分]

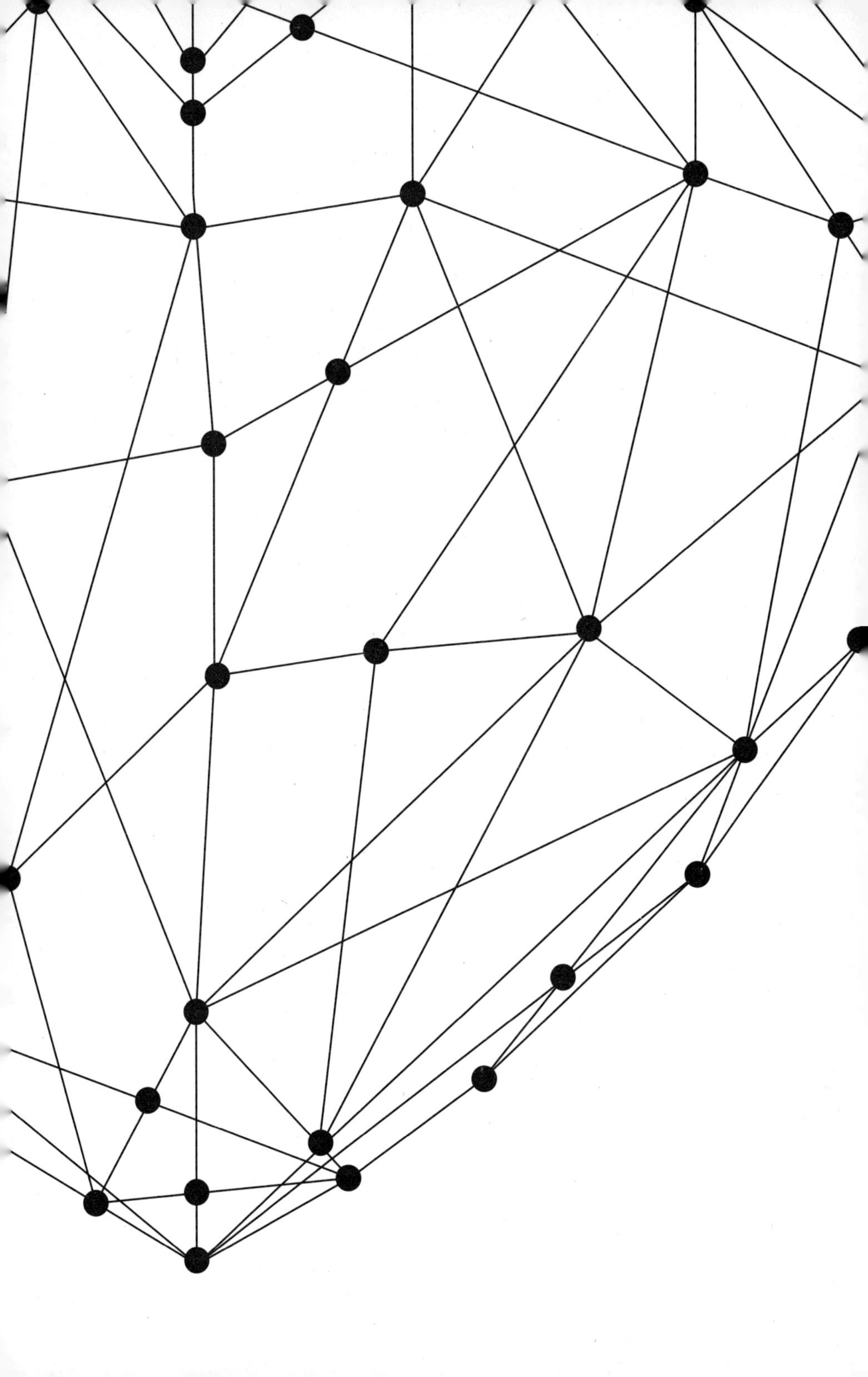

第 8 章 CHAPTER 8

机器人的建造

学生时代，建造机器人并不在我的规划中，我想与从事科研工作的父母一样专攻理论研究。高中毕业时，我们全家移民到美国。作为艾奥瓦大学的本科生，我的研究兴趣是计算机科学、数学和天文学。但临近毕业时，一次经历改变了我的职业生涯。

当时学校有位出色的演讲者——计算机科学家约翰·霍普克罗夫特，他是该领域真正的大人物。一次，他发表完演讲，我有机会与他交谈。他的一番话让我这个志向远大的本科生感到不安。他如实告诉我，经典计算机科学问题已得到解决。*

没有什么重大的未解之谜等待探索。

刚开始我非常失望，但它也有积极的一面。约翰说，他认为我们正步入一个全新的时代，其特点是计算机技术的广泛应

* 对于从事学术研究的读者，我想说，约翰真正的意思是，计算机科学家已为许多图论问题提出了解决方案，这些问题决定并确立了该领域的学术指导原则。

用。也就是说，是时候将所有想法付诸实践了。当时，他最热衷的应用是机器人技术，他认为那是计算机与物理世界交互的一种方式。之前设计的应用是为计算机创建精确、可预测的环境，但现实世界是动态的、连续的，充满不确定性和误差，因而只是应用现有的计算技术是行不通的。我们如果希望机器人在混乱的世界中运行，就要开发新模型、新算法和全新的方法。

这一任务无比艰巨。

我跃跃欲试。

我决定与约翰合作实现这一宏伟愿景，于是向康奈尔大学申请了博士学位，并前往纽约州伊萨卡与他一起工作，让机器人之梦变成现实。我专注于开发与机械手操作相关的分析和算法，即研究机器人如何拾取和抓握物体，或在手中转动物体。生而为人，我们从小就学习如何用手抓住各种物品、如何操纵它们，以及如何将其当作工具或玩具。如果我们想开发能从事实际工作的机器人，它们就得具备类似的功能。于是，我对这类任务进行了全面规划。换句话说，我关注的是机器人的大脑，即机器人如何控制和指挥机械手，及其试图操纵的物体或物品。

我开发的程序在模拟中的效果非常好，只存在一个问题，但这个问题很大。

当时，我们的物理机器人还不够先进，无法执行这些程序。

也就是说，我正在为不存在的技术编程。* 我的梦想是将机器人带入更广阔的世界，于是我决定，不能只研究机器人的大脑，还必须构建其身体。

每台智能机器都有物理组件和处理组件，或者说都有身体和大脑。其身体可以有许多不同的形状。我们已经讨论过鱼形机器人、药丸机器人、汽车机器人和蟑螂机器人了，它们有一些共同的基本特征。通常，机器人的身体都有传感器，可以像人类的眼睛、耳朵和皮肤一样收集来自世界的输入，这个身体需要一种发起行动的方法。换句话说，它要能自主移动；如果处于静止状态，要能移动别的物体。例如，工业机械臂可能固定在某个地方，但它可以使用工具，并通过移动物体来完成分配的任务。机器人只能做其身体能做的事情。工业臂无法在工厂周围行驶。多数机器人的活动涉及移动和 / 或操纵物体。

机器人的身体设计决定了我们以怎样的大脑或程序组合来指导其行动。例如，如果我们想在工业臂中使用自动驾驶汽车的大脑，效果就不会很好。为了制造有效的机器人，我们必须优化机器人的身体和大脑。如果你造出的机器人大脑很强大，但没有硬件来执行它选择的动作，那只能说你的数学表示很优美，但并没有建造出真正的机器人。

---

* 现有机器人无法应用我提出的理论和算法。但我们意识到，如果将移动式机器人想象成移动大物件的指尖，这些算法就可以用来移动家具。因此，我们能设计出移动沙发的机器人，而不是移动咖啡杯的机械手指。

遭遇过操控研究的早期障碍之后，我开始同时研究两种机器人技术，致力于改进机器的身体和指挥身体的大脑，通常为实现某个功能同时设计这两方面——我们称之为“协同设计”。无论过去还是现在，二者兼顾的情况在我的研究领域都不常见，但我早已为此做好了特殊准备。在罗马尼亚读书期间，我的数学学得很好。当时有个惯例，高中生每月都要到工厂工作一周。罗马尼亚政府认为，去工厂工作有助于我们获得职业技能，还有助于我们做好准备，成为无产阶级接班人。有段时间，我在一家机车零件制造厂工作。少年的我觉得这项工作的用处不大，但回首往事，我知道这段经历给我的职业生涯带来了深远的影响。我学会了使用车床等功能强大的设备。我用原材料加工螺丝钉。当学校教的数学越来越抽象时，我发现自己想做些有物理部件的东西——一些能带来纯粹的制造乐趣的东西。

思考一下，制造机器人需要什么。

首先，我们要给智能机器下个定义。什么是机器人？回顾一下标准定义：

机器人是一种可编程的机械设备，它从周围环境中接收输入信息，处理所获取的信息，然后根据输入信息采取物理行动。

换句话说，机器人是能够执行“感知－思考－行动”循环的机器。如果只满足其中一项标准，那么我可以称我桌上的镇纸为机器人，因为它通过其绝对质量对一堆纸施加向下的力或作用。但它不是机器人，只是镇纸。

现在，如果我在镇纸上添加几个摄像头，再加上一个处理组件和几条机械腿，情况就完全不一样了。我可以对这个文具机器人编程，微风从办公室的窗户吹进来时，它能通过摄像头感知纸张的意外运动。纸张的移动超出某个最小范围时（比如，微风掀起纸张的幅度大于几厘米），文具机器人就能做出反应。此时，机器人的机械腿站起来（机械腿可以从身体内部向外展开），穿过桌子走到被风吹动的纸上，坐下来确保纸张留在原位。

感知、思考、行动。

镇纸变成了文具机器人。

如果无法满足这三个标准中的任何一个，它都不能称为机器人。否则，我们就要称任何机械设备为机器人了。像落地钟或卧室闹钟这类设备可以接受输入并做出行动，但感觉不到世界或周围的环境。如果闹钟在你未及时关闭时，能从桌子上跳到床上叫醒你，我们才可称其为机器人。

随着技术的进步，机器人领域的创新更加活跃。如今，机器人专家用以制造智能机器的材料不仅限于硬塑料和金属，还包括硅和橡胶等更柔软、更灵活的材料。(这种思维转变催生了柔性机器人，其依从性更强、更灵活，相处起来也更安全。[1]现代工业机器人通常在金属框架中运行，因为它们不够智能，或不够灵活，无法对人类的指令做出反应。柔性机器人能适应环境，无论是像家这样的人类活动空间，还是生长着珊瑚礁的深海。）我们可以用木头、纸张，甚至食物制造机器人。我们制造的某个机器人（第 7 章中的可消化手术设备），其身体的原材料是肠衣。选择肠衣并非卖弄小聪明，也不是因为我们的实验员喜欢腊肠，而是因为它既无毒又可以生物降解。

我们也在重新思考智能机器的形状。机器人专家正在设计鱼形机器人和章鱼机器人。现在已经有了多足机器人和蛇形机器人。我们制造了可自行展开的折纸机器人，以及可移动的迷你版悉尼歌剧院。我的实验室制造的一只机械手看起来更像郁金香，而不是真正的人手。说到郁金香，我们还在制造能够生长的植物机器人和花卉机器人。转变不仅发生在我的实验室，也发生在世界各地。机器人学界利用的新材料越来越多样化，想象力也越来越丰富，这是思维转变的副产品。

现在来谈谈基础知识。

机器人的身体由多个部分组成。

首先是底架。我们可以将其视为机械组件，或者机器人的“骨架”。接下来，要添加机电组件，包括传感器、发动机以及被称作“致动器”的人造肌肉。将这些组件连接到底架的不同部分，机器人就可以在发动机和致动器的作用下移动，通过摄像头和各种传感器感知周围发生的事情。

为了帮助机器人实现更大的规划，接下来我们要添加一台计算机，它是机器人的大脑，能够存储数据、处理信息，向所有发动机和致动器发出具体指令。例如，如果我们命令机器人行走，它要将高级指令分解为许多任务和子任务，这些任务告诉发动机和致动器具体要做什么，何时做，或按什么顺序做。

我们的机器人还要有安置专用电子器件和软件的中间层，

它位于机电组件和中央计算机之间，如此一来，机器人的大脑就可以收集来自传感器的数据，将指令发送给发动机和人造肌肉。我们可以将中间层想象成人类神经系统的一种人工形式。

总之，机器人的身体由 5 个基本部分组成：

（1）底架

（2）机电组件（如传感器、致动器、电缆和电源）

（3）计算硬件（如处理器和存储器）

（4）通信基板（连接机电组件和计算硬件）

（5）大脑（对机器人运行所需的算法进行编码的软件，用于管理感知、规划、学习、推理、协调和控制）

成功地将这 5 个部分连接在一起，我们就建造出了一个机器人。*

选好要建造的机器人形体（底架）及其构建材料后，就要考虑下一层——传感器和致动器了，它们能让机器人感知环境，在现实世界中施以某种力或某个行动。随着机器人专家对底架的想象力和创造力日益增强，我们需要重建这些重要的机电组件，因为致动器和传感器必须契合机器人的形体。如果其形体

---

* 需要明确的是，我所描述的是自给自足、自主运行的机器人。我们还可以制造基于分布式传感和处理的机器人，比如可以将部分大脑上传到云端的机器人，这在现代技术中司空见惯。在没有强信号的情况下，Siri（苹果手机的语音控制功能）无法正常工作，原因就在于此。程序利用了云计算的能力、速度和规模，而不仅仅依赖手机的微处理器。但我认为它并不适用于机器人。有了像自动驾驶汽车这样的安全关键应用，你就不想依赖云了。高速路上时速 60 英里的汽车根本没时间上传传感器数据，也没时间等待云端的大脑告诉它如何应对不断变化的路况。汽车没时间花两三秒等待云发出指令，它要立即做出反应。所以，我们将大脑置入机器人体内。

是灵活的，传感器也必须是灵活的。汽车机器人可在激光扫描仪的协助下感知周围环境。如果想把工程起重机设计成机器人，我们可以为它配备这种传感器，因为其形体庞大、坚固而强劲。但你不想将咖啡杯大小的激光扫描仪放在骨瘦如柴的蛇形机器人柔软灵活的头上，那样的话，机器人无法有效移动，也无法挤进为其设计的定位空间。

机器人学界一直在设计新的传感器、发动机和致动器，以适应柔性的、具有另类形体的新机器人。我们已研制出人造肌肉，它运用水力学和流控技术而非诸如 FOAM 技术之类的电子学施力。我们也在制造更灵活的传感器。我的同事弗拉基米尔·布洛维奇在利用纸质材料研制轻薄的电池，这些电源可以无缝集成到机器人体内，让整个机器成为能量源——这意味着机器人不必携带笨重的电池组。其他团队在研制小型柔性太阳能电池，它可以固定在机器人身上为其提供电力。

大脑是怎样的？机器人的身体只是复杂的雕塑，它没有像人脑一样的大脑告诉它做什么、何时去做。机器人可能得从过去的经验中存储数据，用身体的传感器收集周围环境的信息，数据会源源不断地流入机器人。有些机器人保存了所有数据，另一些则利用即时反馈来工作。仅仅是摄像头和激光扫描仪产生的数据流就很大，一小时的视频流可以生成 3GB 数据，这意味着不到两周，1TB 硬盘的机器人大脑容量就饱和了。机器人的大脑需要专门用于存储的大容量硬盘。物理大脑还要有强大的处理组件来运行程序，帮助机器人理解所有存储数据和流数据，做出行动规划和预测，思考下一步要做什么，或如何应对始料不及的情况。机器人是如何进行规划、预测和推理的？机器人的大脑不仅仅涉及人工智能，而我们之所以将其作为起点，是因为整个研究领域就始于人工智能。

人工智能背后的伟大理念可以追溯到艾伦·图灵。他想象出一种可以与人类自如交流的机器，人类会将其误认为另一个人。1956 年，图灵提出设想的几年后，计算机科学家先驱马文·明斯基与一群学术界朋友在达特茅斯学院召开了研讨会，探论科学和工程中最深层的问题。他们在徒步、开会、喝葡萄酒时讨论如何开发具有人类特征的机器，它们能像人一样活动、观察世界、玩游戏、沟通交流甚至学习。

从某种意义上说，图灵告诉我们什么是可能的，明斯基及其朋友则通过这次思想碰撞和 1961 年的论文《通向人工智能的几个步骤》，告诉我们如何实现它。接下来的几年里，多所一流大学建立了人工智能实验室。研究缓慢地进行着，稳定了一段时间后，于 20 世纪 80 年代陷入停滞，我们称之为“人工智能的冬天”。过去的 10 多年里，我们取得了巨大的进步。如今，普通智能手机的功能远比 20 世纪 80 年代大肆吹捧的 Cray-2 超级计算机强大。[2] 计算机、智能机器和传感器的激增带来惊人的数据增长，富有创新精神的研究人员开发完善了数千种数据搜索算法，用以发现模式、做出预测和学习。但我们造出了明斯基及其朋友们设想的人工智能吗？

没有。

如今，“人工智能”已成为一个笼统的术语，是大公司为了让产品和服务看起来更先进而添加的营销流行词。人工智能领域的开创者一开始就想开发具有人类能力的机器，即所谓的“通用人工智能”。我们很早就意识到，这个目标的挑战性非常大，短期内无法实现。目前的技术是我们所说的“弱人工智能”，虽然我们并未实现明斯基及其同事的梦想，但目前的人工智能的能力也非常强。人工智能系统击败了国际象棋大师和世界顶尖的围棋大师，创作出了生动的故事，编写了实用的代码，生成了有趣甚至优美的艺术作品。在广受欢迎的智力问答节目《危险边缘》中，人工智能系统还赢得了冠军。

然而，在胜利引发的讨论中，人们经常忽视的问题是，这些系统针对的是非常具体的任务。人工智能围棋冠军无法驾驶汽车机器人。不过，人工智能的发展速度如此之快，这种混乱局面是可以理解的。2022 年 5 月，谷歌母公司 Alphabet 旗下的人工智能公司 DeepMind 推出了一款名为 Gato 的人工智能模型，该模型可以完成 600 多项不同的任务。这似乎已经接近通用人工智能的目标。尽管 Gato 可以为图片加标题、指挥机械臂堆积木或玩视频游戏，但它并非真正的通用人工大脑，只是许多模型的集合，这些模型针对特定任务且经过良好的训练。Gato 的问世是了不起的成就，但它并非通用智能。

“人工智能”的含义模糊、包罗万象，它确实在机器人的大脑中运作，但主要集中于较高层次的决策和推理。机器人要发挥作用，还需具备许多为人工智能程序服务的处理功能。电影中的机器人通常拥有一个统一的人工大脑。例如，在《复仇者联盟2：奥创纪元》中，邪恶机器人背后的人工智能以数字化的方式被描绘成全能、模糊的球体。

现实更复杂，也更有趣。

机器人的大脑由数十个独立且相互连接的算法组成，每个算法都是为特定的工作而设计和优化的。* 我们将这些算法的连接方式称为大脑的结构。例如，规划结构以及多种类型的学习结构。超级英雄电影中让人心惊胆战的球体没什么大不了的。机器人大脑的软件是由单个程序组成的网络，包括高级人工智能引擎和控制电机运作方式和时间的低级控制器。一种运用广泛的规划和推理系统是"斯坦福研究院问题求解器"，缩写为STRIPS。STRIPS的工作原理如下。

· 从初始状态开始，或从一组量开始，这组量可以全面描述机器人随时间推移的运动情况，比如位置、方向和速度（如果已知）。初始状态包括机器人的初始位置，目标状态包括任务结束时这些参数的期望值。

· 确定规划者想达到的目标状态或情况。

---

* 这种行为组织类似于人脑。我们的大脑学习特定的任务，这些心智技能被表示和存储为计算模块，在需要时加以调用。我的同事乔什·特南鲍姆及其团队正在研究这项有趣的工作，他们比较了人类和机器智能在尝试完成类似任务时的推理方式。乔什希望对比研究能加深我们对二者的理解，更好地了解人脑的运作方式，从而创建更优秀、更高效的人工智能模型。在我看来，他的另一项研究更令人兴奋，那就是如何赋予机器人产生幻觉或做梦的能力，这样，面对前所未见的情况，它们就可以想象出解决方案。人类这方面的能力不在话下，但机器人通常需要将某些东西与过去的经验或数据集联系起来。

· 确定一系列行动。每个行动包括：

（1）先决条件（行动执行前必须确定的条件，通常以数理逻辑语言描述为逻辑公式，用来检查哪些公式适合编程）；

（2）后置条件（行动执行后的结果，也被描述为逻辑公式）。

· 满足了顺序中的每个后置条件，就可以从一个行动过渡到下一个行动了。

举个例子，我提出一个很常见的要求，让自动驾驶汽车将我从家带到办公室。机器需要特定的指令，使用 STRIPS 这类规划器，让机器人将较大、较抽象的任务分割成可以完成的较小、较具体的工作。高级机器人的大脑采用控制器层次结构，从简单的程序扩展到非常复杂的抽象推理模块。有些程序或模块侧重于学习，有些则帮助机器人做出决策。还有一些帮助机器人跟踪自己的身体位置，这看起来没那么重要，但如果机器人想弄清怎样从 A 点到达 B 点，那它就得知道 A 点在环境中的位置。

我们可以将大脑看作一个巨大的指挥和控制中心。

该控制中心由许多管理具体工作的模块组成。

只有这些模块协同工作，机器人才能做有用的事情。

人类的许多行动和活动似乎是在不假思索的状态下进行的，然而，诺贝尔奖得主丹尼尔·卡尼曼在其著作《思考，快与慢》中提出假设——人类的大脑有两个决策系统。系统 1 运行速度快、不易察觉、诉诸直觉且不精准，在执行日常体力活动时（比如走路、爬楼梯、扣衬衫扣子、弹钢琴），它控制着我们的无意识决定。系统 2 运行速度慢，深思熟虑，通常用于需要逻辑和集中注意力的决策任务，例如写代码、下棋或整理衣柜。机器人智能也有类似的分层，但如果人类有两个系统，那么机器人至少有 4 个系统。

假设我在实验室会见一位重要客人。我的客人想喝咖啡。想象一下，我要求机器人为她端来一杯咖啡。

在规划和执行这项任务时，机器人大脑的 4 个层次之间有不同的分工，其侧重点、复杂性和操作的抽象水平都不一样。具体来说大致如下。

（1）**认知控制器**将我的抽象要求（“来一杯咖啡”）转换为一系列可实现的任务。它们帮助机器人做出决定，如果咖啡消耗殆尽该怎么做——是订购，步行到商店购买，还是询问实验室工作人员的建议。认知控制器在高度抽象的水平上运行，其行为涉及推理、问题解决和决策制定。

（2）**任务控制器**决定机器人需要做什么才能实现目标。要取咖啡首先得穿过房间，因而需要一个执行此操作的运动规划。取到咖啡，还要有移动、操作杯子和咖啡壶的规划。任务控制器是执行特定任务或动作的控制系统。

（3）**高级控制器**掌控着作为整体的各个物理组件的运动。例如，怎么做才能让机器人以三足步态行走，* 以及如何将腿从当前位置移动到目标位置；它们协调低级控制器，让腿以正确

---

* 三足步态是一种稳定的运动步态，六条腿的机器人始终保持三条腿着地（底架一侧两条腿着地，另一侧一条腿着地）。其余三条腿向前走，当它们触地时，机器人向前移动。随后，之前着地的三条腿与另外三条腿切换角色。

的方式移动，并将其他腿与身体的运动和位置作为一个整体来考虑。

（4）**低级控制器**准确地告诉各个关节（比如脚踝、膝盖和抓手）中的电机要做什么、何时做以及做多久。

取咖啡的机器人要穿过实验室去咖啡间，所有特定的小型子系统必须连接起来，与来自机器人传感器的输入和致动器的输出协调运作。人类的大脑就是这样运行的，这对我们来说既直观又简单。但将其构建为机器智能要难得多，我们必须对每个步骤进行编程。

为了向学生解释上述内容，我设计了一种笨拙但一目了然的活动，展示机器人在环境中的移动方式。我鼓励你与亲朋好友也体验一番。请来三位志愿者，蒙住其中两人的眼睛。第一个被蒙上眼睛的人是推理模块，代表认知控制器和任务控制器。第二个被蒙上眼睛的人代表高级控制器、低级控制器与致动器——他是负责移动的人。理想情况下，要将两人的手绑在一起。第三个人代表眼睛或感觉。现在，看看他们三人能否齐心协力，让蒙着眼睛、手绑在一起的两个人穿过房间，走到门边或其他目标位置。没被蒙上眼睛的人说出他（她）看到的情景，即周围的世界是怎样的。负责推理和规划的人提出行动建议，比如走三小步，转 45 度，停下，等等。负责移动的人遵照这些指示行动。

两人移动时，将一把椅子放在他们的路径上，观察他们的反应。“眼睛”不能喊叫让这两人停下来，因为传感算法的设计目的不是推理或生成命令。

学生的实验常常在笑声中结束，但这不只是一次有趣的演示。看似简单的任务涉及了复杂性，这是了解它的好方法。机器人的大脑必须在多个层面上发挥作用，还要时刻意识到，它在朝着更大的目标前进。建造能穿过房间的机器人是非常复杂的工程，而我们已经有了行驶于城市街道的机器人，这一点真是令人惊叹。自动和半自动驾驶汽车是真实存在的，它们提供了一种绝妙的探索方法，揭示了机器人在世界中移动时大脑内部的运作方式。

第 9 章 CHAPTER 9

机器人的思考

一辆拖车停在新加坡装货港的十字路口。高耸的集装箱首尾相连，堆叠在界限分明、排列整齐的区域。港口面积巨大，数千个集装箱堆积如山，堪称集装箱之城。忙碌但不拥挤的四车道专用道路将集装箱群分割成精确的网格。拖车停在某条道的尽头，等待其他车辆通过十字路口，之后左转进入中间两条车道中的一条，缓慢转向最左边的车道（工作车道），在一台巨大的起重机下方减速。拖车向前缓缓移动，然后停下来，因为传感器显示它距离应停位置不足两厘米。起重机轻轻地将集装箱放到平板上。拖车感应到负荷和起重机手柄的释放，在扫描迎面驶来的车辆后，慢慢驶回行驶车道，将集装箱运往港口的另一区域。

这辆特殊的拖车由 Venti Technologies（风图智能科技公司）开发，那是我与好友海蒂·怀尔和萨满·阿马拉辛赫共同创立的公司。[1] 这种机器人被称为自动原动机，外号 aPM。它们正在高效运输货物，可能很快会成为供应链解决方案中重要的一环。这类机器人分担了人和机器的工作量，解决了当前劳动力严重短缺的问题。机器人承担着物流作业的协调和日常工作，让人类专注于更复杂的任务。

当你听到aPM这样的例子，自动驾驶出租车初创公司的规划，或某些直言不讳的科技企业家的大胆言论时，你会自然而然地认为，全自动驾驶汽车将在一两年内问世。路上行驶着自动驾驶出租车，我们也看到其他类型的机器人在世界各地独立活动。大约2 500万台Roomba吸尘器在家中巡游。自动送货机器人在大学校园和机场运行着。我们无须展望未来就能发现智能机器工作的身影。

确切地说，这并非把戏或假象，但将其作为例子具有误导性。港口的货物运输比城市的出行运输要容易。我们可以制造出能在低复杂度和低交互环境中（例如新加坡的航运港口）慢速独立移动的机器人。那儿道路畅通，全年都是夏季。但是，我们如果要建造可在任何条件下（比如波士顿的交通高峰期，或暴风雪中）安全行驶的全自动汽车机器人，仍有大量工作要做。过去几十年，我们看到了机器人领域的进展，但是让机器在全世界各种条件下自由、快速、安全地行驶仍是一项重大挑战。为了说明其难度，我们来组装一辆自动驾驶汽车。

与建造所有机器人一样，我们需要从可移动的身体和大脑开始。对汽车机器人而言，大脑是其推理和决策系统，身体就是汽车本身（以我钟爱的奥迪TT为例）。要将我的跑车改装成自动驾驶汽车，需要全面更新电子设备，升级处理器，还要安装线控系统，即由计算机控制转向、加速和刹车，而不是由人手动操作方向盘，或脚踩刹车。

如今，我们可以做到这一点，所以假设我们完成了改装。

这辆改装车要符合机器人的标准，必须能收集来自世界的输入，并施加能引发行动的力，比如转动车轮。开车时，人类用眼睛、耳朵和触觉收集周围环境的信息，在观察的基础上用手脚操纵汽车完成转向、加速和刹车。汽车机器人需要以数据形式搜集有关世界的输入，在人工大脑中处理这些数据，然后产生合理的输出或做出合理的动作——例如，前行或左转。因而，汽车需要摄像头、雷达、GPS 和激光雷达（激光探测和测距的简称，扫描仪用脉冲激光感知距离，就像雷达用声音测距一样）。

刚学开车时，我曾经等了三个红绿灯，才鼓起勇气从迎面而来的车流中左转。经验丰富的司机停在这样的十字路口，会仔细观察周围的情况，注意空位或转向信号，观察某辆车的减速，推断出转弯的最佳时间。然后，司机的大脑向其手臂和手脚发送命令，转动方向盘并踩下油门。

在人类驾驶的大多数场景中，我们通过眼睛收集的视觉信息提供了足够的数据。但对自动驾驶机器人来说，只靠视觉是不够的。2016 年后生产的大多数汽车都有出色的摄像头，可以协助我们停车、倒车，某些型号的车还能生成周围环境的 360 度视图。但这并不意味着，它们作为人类眼睛的电子替代品已经足够先进，能让我们在自动驾驶时双手脱离方向盘小憩一会儿。计算机程序并不总能理解镜头捕捉的光线。几十年来，全球最聪慧的科学家一直致力于计算机的视觉研究，但从图像识别角度看，我们还远未达到 100% 的准确率。最佳物体识别算法（识别场景中物体的程序）是用包含数百万张图像的大型可视化数据库 ImageNet 来进行识别的，准确率是 91%。[2] 这是静态物体的测量结果，而非对我们在开车时看到的动态变化的测量结果。即使我们假设自动驾驶汽车在路上行驶时算法识别的成功率也这么高（这有点儿夸张），它们是否就足够先进了？对学术测试或相册的自动整理而言，91% 的准确率很不错，但对自动驾驶汽车来说，9% 的误差就意味着不达标。如果我告诉你，自动驾驶出租车在检测周围环境时出错的概率为 9%，你会乘坐这辆车吗？

《华盛顿邮报》分析了美国国家公路交通安全管理局的数据，发现 2019 至 2023 年间，特斯拉的自动辅助驾驶系统在美国造成 736 起车祸，17 人死亡。该系统的设计目的是让汽车跟随前方车辆，在高速公路行驶时不偏离车道。汽车即便配备了该系统，也仍无法完全自动驾驶。系统要求司机的手始终放在方向盘上，准备在汽车软件不知所措时接管控制权。关于特斯拉“自动驾驶”的第一起致命事故的原因是，一辆白色牵引拖车正在横穿马路，自动驾驶系统将它与远处的云混淆了。这场悲剧源于感知系统的错误。

路上的自动驾驶汽车越来越多，我们需要更多信息来了解其行为和错误。2021 年 6 月，美国国家公路交通安全管理局发布了一项常规通用法令，要求汽车公司报告自动驾驶汽车（包括上路的数十万辆配备司机辅助系统的汽车）的交通事故。[3] 报告的统计数据精确度是每百万英里行驶里程的事故次数。报告显示，从2021年7月20日到2022年5月21日，273起事故与使用自动驾驶系统的特斯拉汽车有关。在同期报告的392起事故中，特斯拉的事故占了大部分。

我使用自动辅助驾驶系统的经验是，它在高速公路上表现优异，但在恶劣天气和车道异常的情况下会不知所措。车道异常包括出现新增车道或车道合并，以及路标不清晰。比如，车道因施工而换上了新标识，传感器可以同时看到模糊的旧的车道标线和新的车道标线。我还注意到，自动驾驶系统有时会看到不存在的障碍物，并突然做出反应。这项技术给人留下的印象非常深刻，也在不断改进，但现在在应用时仍需要司机投入大量注意力。我认为这种情况在短期内无法改变。

说回我的车。鉴于物体识别的缺陷和高出错率，我需要为自动驾驶的奥迪配备高分辨率摄像头，还必须配备更多增强其视觉的“眼睛”。我的团队和其他研究人员对雷达和超声波的适用性进行了大量实验，发现二者各有优缺点。事实证明，最流行、最有效的视觉传感器是激光雷达。激光扫描仪置于自动驾驶汽车的顶部，它们快速旋转，向各个方向发射脉冲光波。在大约300米的范围内（略大于3个足球场的长度），脉冲从碰到的所有物体上的所有点反射回来。[4]根据每个脉冲返回传感器的时间，机器人的大脑会计算自身离该点有多远。自动驾驶汽车研发公司都用激光雷达进行传感，正是因为激光测量的结果非常精准。

每次扫描都会覆盖超过100万个数据点，机器人的人工大脑会将它们组合起来构建出被扫描的世界的详细 3D 表示，我们称之为点云。对人类来说，这就像后脑勺上长着眼睛，而且视力近乎完美。但激光扫描仪有一个软肋：水。它们发出的光波会从雨雪的水滴上反射。水坑也让它们困惑，因为积水会反射光线。(亚利桑那州的天气非常干燥，大多数自动驾驶汽车都在这类地区测试，这就是原因所在。)

所以说，无论哪款视觉传感器都不完美，每款都有一些不确定性，展现的世界景象也略有差异。但它们一起使用时非常有效。假设我们采用严密的方法，为我的奥迪（机器人身体）配备了激光扫描仪和摄像头。

现在想象一下，这辆车停在郊区标准车道的尽头。新的汽车机器人朝向前方，准备上路。

等等，我们还没做好行驶准备。

通常，在准备自动驾驶之前，汽车需要一张世界地图做参考，否则机器人不知道自己在哪儿，也不知道要去哪儿。但自动驾驶汽车的地图与我们在应用程序上看到的数字街道地图不同。确切地说，它是我们前面讨论的 3D 点云。这类地图在人类眼中可能没有意义，但机器人可以理解并加以参考，它们被称为高精（high-definition）地图，或 HD 地图。[5] 为了创建高精地图，谷歌等公司为汽车配备了激光雷达扫描仪，让人类司机在特定城市的大街小巷（换句话说，在自动驾驶汽车可能去的地方）来回行驶，详细再现街道及周围所有静物，包括每栋建筑物的每个角落和裂缝，每根灯柱、每条长凳、每个邮箱，所有树木和路面的坑洼，街道的路缘石和轮廓。旧金山市的高精地图可能包含 4TB 数据，相当于一台功能强大的台式计算机的存储空间。（而地球的地形图，如 OpenStreetMap，大约需要 40GB 数据，只占其 0.01%。[6]）不过，这并不过分。

机器人需要看到一个与人类所见的截然不同的、更详细的世界。*

高清地图创建完毕，下载到我的跑车上，自动驾驶汽车就有了它即将穿越的空间图片。如果我们告诉它，想去某个地方，新的汽车机器人就会用摄像头和激光雷达扫描周围环境，确定附近是否有意外的事物出现，比如人、自行车或汽车等。

随着激光扫描仪的旋转，超过 100 万个数据点源源不断地流入汽车的大脑。在一套算法摄取并理解数据的过程中，我们将第一阶段称为**感知**。请记住，此时跑车还没开始启动。

自动驾驶汽车的大脑由数十种独立的算法组成，每种算法都是为了特定的作用而设计和优化的。就跑车机器人而言，感知算法用来理解周围的环境和活动，另一套算法则用来处理传入的传感器数据，将其与存储的世界地图进行比较，确定机器人在地图中的位置。我们称之为**定位**。

同时，汽车需要确定其行驶范围内哪些物体是静止的，哪些物体是活动的。一套完全不同的算法管理着信息搜集中的物

---

* 我的团队正在研究一种方法，使机器人能够在不存储地图的情况下找到行进的正确方向，该问题将在另一章中讨论。现在，我们需要地图。

体和障碍物识别。摄像头在此派上了用场，它们为感兴趣的对象添加了一层信息。

假设跑车停在我的车道上，一位邻居慢跑着从这儿经过。激光会跟踪邻居大致的3D形状。[7]但是，当我们添加显示衣服、头发和皮肤颜色与纹理的摄像头数据时，机器人会更容易将其判断为行人。提这些有点儿早，因为汽车还没离开车道。但不得不说，将激光雷达和摄像头传感器的反馈结合起来至关重要，交通信号灯的探测是另一个例子。利用组合反馈（激光雷达确定交通灯的几何形状，摄像头确定其颜色），汽车便能够将交通灯识别为“红色”或“绿色”。

话题回到车道。

对于指定的摄像头图像，算法非常擅长确定哪些像素属于同一对象。当机器人寻找移动的障碍物（例如，邻居、汽车、卡车、宠物）并对其进行分类时，摄像头收集的图像会被算法分割成多个部分。这一步称为**分割**。

下一步是**对象识别**和标注，即找出分割的对象中哪些是汽车，哪些是人或宠物。为此，我们会利用机器学习模型，它通过众包做了大量调整（第11章将详细解释其运作方式），这意味着我们要付钱给很多人，让他们观看照片和图像并标注所见之物，也就是说，标明他们是否看到了汽车、人、猫、狗或公园长椅。*他们将一个对象标注为汽车，将另一个对象标注为人。

---

* 这会造成人工智能的偏差问题，我们将在其他章节详细探讨。

在看了数十万或数百万个例子之后，机器学习模型可以识别人类标注为汽车的那些图像像素之间的模式或共性。它识别出的模式是从标注的数据中提取的，因而最终能够识别未标注图像中的汽车。反过来，汽车可以利用该模型，识别并标注陌生环境中的对象。但我们不应该误以为这是人工智能更强大、更智慧的证据。机器学习的过程本质上是模式匹配。对象识别模型擅长识别对象，仅此而已。它甚至不知道什么是“汽车”，只知道某些像素模式与人类提供的“汽车”标签相关。

我们准备好离开车道了吗？还没有。

现在，我们的机器人知道自己所在的位置，也知道周围发生了什么，系统必须确定下一步要去哪儿。这涉及三个连续的、错综复杂的阶段：**推理、规划和控制**。

一旦我们告诉智能汽车想去哪里（它无法自行做出选择），系统就会计算通往目的地路线上一连串的路径点。地图变得有点儿奇怪。我们似乎可以粗略浏览一下地图，标注出所有障碍物，然后画一条线，接着穿过地图上的自由空间，朝我们的目的地行驶。（现在先不用管交通法规，我们得先处理更大的问题。）但是，如果我们在这个自由空间中画一条线，汽车必须像线上的点那么小。如果它比线还要宽，它可能就会撞上停着的车和其他障碍物。

我们可以加宽这条线来匹配汽车的尺寸，但是从几何学和计算的角度看，使用细线并放大障碍物更容易。通过放大潜在障碍物的大小，我们会缩小汽车移动的自由空间。这样，可走的路径数量少了，但机器人撞到障碍物的概率也会大幅降低。

思考一下此刻你所在的空间，无论是家里的房间、机舱还是户外的长凳。想象一下，你周围的所有物体都有一种力场，这种力场从物体表面的所有点向外延伸几米。自由空间缩小了，但没有完全缩小，还有活动的空间。同样，放大汽车地图上的障碍物之后，汽车仍有路可走，而且不会撞到任何力场或其后面的物体。这个非同寻常的虚拟世界被称为**配置空间**。

确定了配置空间的框架，我们就可以设置一连串路径点，用一条线将其连接起来。汽车沿着这条线从一个路径点驶向另一个路径点，就能到达目的地，不会碰到任何障碍物。

这个方法看起来可能很奇怪，或者太复杂。我们拥有漂亮的世界地图，细节又丰富，为什么不用它？原因是，我们还拥有精心调整和验证过的算法，能以准确且相对简单的方式查找路径，穿过这个不寻常的配置空间。机器人专家也是人。如果无须从零开始或创建新算法，我们都会走捷径的。

汽车行驶时可能会遇到新的或意想不到的障碍物，比如人或其他车辆，路径点就会得到调整。

我们的跑车马上要离开车道了。

最后一步是**控制**，包括向汽车的转向、加速和制动系统发送指令。十几岁时，我第一次踩下油门、转动方向盘，完成了左转弯。我父亲看到这一幕很开心，也放心了。自动驾驶汽车就像那时的我一样。(控制理论是一个成熟的领域，致力于计算如何对车辆的驱动系统，即让车轮旋转和转动的电机，施加力和扭矩，以使其以目标方式移动。）* 再说一遍，要升级汽车，让系统控制车轮和方向盘，就需要对汽车的电子和控制系统做一番改造，但这是有可能实现的。

现在，我们的机器人终于动起来了。我描述的所有过程都是瞬时发生的。没有某个单一、全能的人工智能来管理这些行为。机器人加速完成“感知、推理、规划和控制”循环时，涉及许多算法，汽车会不断重复这个循环。感觉–思考–行动的循环必不可少，必须快速进行。如果一辆卡车在拐角处突然加速，或者行人从两辆停着的车之间冲出，机器人必须能够立即检测事件、进行推理、做出反应，否则就会有发生事故的风险。汽车的反应速度取决于其检测新障碍物的速度以及对线路纠偏命令的响应速度。汽车行驶得越慢，就越容易对新事件做出反应。汽车除了要知道如何瞬时移动，在公共道路上行驶时还要了解并遵守道路规则。高阶规划器能依照交通法规对交通灯、路标和其他车辆做出反应，因而可满足这些要求。**

尽管自动驾驶汽车非常复杂，但现在的机器人可以完成上述所有任务。2023 年 8 月 11 日，自动驾驶汽车公司 Waymo 和 Cruise 获准在旧金山的某些指定区域提供每天 24 小时、每周 7 天的付费乘车服务。早期的结果喜忧参半：Cruise 车可能会陷

---

* 这通常涉及成本函数的优化，成本函数取决于任务和环境。快速到达目的地是正向回报，沿途撞到障碍物是负向回报。优化的重点是在快速到达和不撞到障碍物之间找到平衡。

** 1968 年，《维也纳道路交通公约》制定了国际道路规则（包括道路标志和信号）。

入湿的混凝土中，但我仍然惊喜地发现可以用手机叫一辆自动驾驶出租车，坐着它去兜风。特斯拉的自动驾驶系统存在局限性，但仍可称为一大奇迹。早在 2014 年，我的实验室就开发了一款自动驾驶汽车，它可以在简单的环境中安全运行。我们在新加坡实验室附近的“裕华园”进行了测试，让公众前来体验。它很像高尔夫球车，可以搭载数名乘客。我们的自动驾驶汽车沿着小路行驶，安全避开了行人、骑行者、蜥蜴和其他障碍物，这让自愿参与的体验者惊讶不已。此外，我们的自动驾驶汽车也能为年迈的父母和不会开车的人带来便利，这让体验者对它的未来感到兴奋。

在访问新加坡期间的某天中午，我参观了一个退休社区，看到居民在闷热的包间里唱卡拉 OK。刚开始我以为他们玩得很开心。负责人告诉我，这些老人更喜欢与朋友会面、购物、逛寺庙或散步，但他们需要护工的帮助才能行动。护工数量不足，无法满足所有人的需求，他们只能待在卡拉 OK 包间里。有了简单的自动高尔夫球车，居民就可以自由出行，独立生活。即使有常见的老年病，比如反应迟钝、视力或听力下降，他们也可以在社区里安全行驶、逛寺庙或与朋友一起购物，不会对他人或自身造成危害。自动高尔夫球车会将老人安全送达目的地，基本不需要或完全不需要人工干预。

这种应用是可能的，但自动驾驶汽车载着老人走遍全国各地，拜访远方的亲友，这一目标我们尚未实现。2016 年，美国汽车工程师学会首次界定了交通运输中驾驶自动化的 5 个级别，并在此后的几年进行了更新。在前两个级别中，驾驶员主动控制汽车，但在第 2 级（也称部分自动化）中，ADAS（高级驾驶辅助系统）技术支持驾驶员的某些操作，比如停车、自适应巡航控制，以及车道偏离或距离警告。它们是制动防抱死系统的高级版。汽车无须等待你的批准，就能启动一个动作，增强你正在做的事情，但你仍拥有控制权。在第 3 级（也称有条件的自动化）中，汽车可以在适当的条件下管理大部分驾驶内容，包括监控环境。遇到无法导航的情况时，系统会要求驾驶员进行干预。通知的时间可能很短，因此驾驶员必须集中注意力，随时准备接管汽车。奥迪 A8 的人工智能拥堵自动辅助驾驶就是一个很好的例子。该系统的设计目的是，让汽车在拥堵条件下以低于 37 英里 / 小时的速度行驶，完成所有加速、转向和制动。但截至本书写作时，汽车制造商尚未获得监管部门对于该系统的批准，因此无法发布该技术。[8]但这项技术是可能实现的！如果汽车能在**某些**环境、**某些**时段中处于自动驾驶模式，不需要人工操作，我们就称之为第 4 级自动驾驶。aPM 港口应用就是一个例子，它之所以有效是因为其运行环境非常可控和可预测。要达到第 5 级自动驾驶，汽车必须在**所有**环境下**始终**处于完全自动驾驶模式。达到该级别的汽车尚不存在，在实现这个目标之前，我们还有很多工作要做——比如，设计出精确度更高的传感器、更快的处理器（可进行实时推理和决策）以及增强算法等。

多年后，我们仍未完全攻克我们在 2014 年就碰到的所有难题。其他研究者也没做到，无论他们在精心设计的视频中暗示了什么。现在，许多汽车都配备了特斯拉的自动驾驶系统，具有第 2 级或第 3 级自动驾驶辅助功能。特斯拉称其生产的汽车拥有自动驾驶所需的所有硬件，未来解锁此功能只需升级软件并等待监管部门的批准。但我仍心存疑虑。自动驾驶汽车无法在雨雪天行驶，这说明是硬件不达标而非软件。这么多年过去了，决定自动驾驶汽车成功与否的三个核心问题依然没变：

（1）环境有多复杂？其范围介于沙漠中笔直空旷的高速公路（容易）与复杂的城市街道、蜿蜒的结冰山路或大雪天气（困难）之间。

（2）速度有多快？其范围介于安全速度（约 30 英里 / 小时）和高速（超过 60 英里 / 小时）之间。

（3）与世界上其他对象和智能体的互动有多复杂？其范围介于空旷的道路与繁华城市上下班高峰期之间。

如果我们沿着三个独立轴绘制上述内容，那么这三个轴或三个轴中的两个需要在原点附近，才能保证现在的自动驾驶汽车安全有效地运行。也就是说，自动驾驶汽车安全有效地运行的条件是低速、低复杂性、在最低限度上与其他车辆互动。比如，小型封闭式社区、大型停车场、校园、港口、工厂大院中的私人通道，或少雨的郊区。自动驾驶汽车可以运送货物和人员，前提是以安全的速度行驶，并且周围的环境不会快速改变。我们还可以在公共道路上使用自动驾驶系统，比如港口周围，或像旧金山这样气候温和、有高精地图的城市。

研究团体正努力实现第5级自动驾驶，但另一条道路是开发越来越智能的辅助驾驶功能。我正在与好友塞尔塔克·卡拉曼、我们的学生以及丰田研究所的研究人员合作开发一个系统，我们称之为“监护人自治”（guardian autonomy）。可以将其视为并行的自动驾驶系统，它是一种共享的驾驶解决方案，即自动驾驶软件与人类驾驶员协作，人类驾驶员仍是汽车的掌控者。[9]“监护人自治”系统的目标是利用比肉眼更开阔的感知系统和基于芯片的推理引擎确保司机不犯错。如果司机在急转弯时速度过快，并行的自动驾驶系统会通过使汽车减速来提供帮助，但它不会造成过度干扰，也不会惹人厌烦。我们的计划是开发监护人共享的控制软件，它能以最接近人类预期行为的方式对行驶过程进行干预，确保车辆的行驶安全。你仍有控制权，会在驾驶难度高的道路上掌控驾驶，但监护人系统会增强你的感知，使你成为技术更精湛、更安全的驾驶员。如果这一愿景得以实现，人与芯片能有效结合，未来我们就可以大幅降低交通事故的发生频率。

我们在不断进步，也已经取得了巨大的成就，但想在巴黎凯旋门的环形交叉路上自动驾驶，*或在圣保罗的路上自动驾驶，目前还无法实现。这些环境太复杂了。然而，作为机器人领域的一个子领域，自动驾驶汽车必须克服的困难相对来说还是较为简单的。

---

* 有12条笔直的大道通向凯旋门（包括香榭丽舍大街）。每条大道都有多条车道通向一个环形交叉路口，这个路口的车流最多可达10条车道那么宽。环形交叉路口没有路标，所有车辆都在无管制的情况下自由行驶。

第 10 章 CHAPTER 10

触觉中的大脑

我刚读研的时候，大多数机器人又大又笨重，噪声还不小。我们尊敬的教授布鲁斯·唐纳德第二天就要过生日了，前一天晚上，我和同学们想出了一种庆祝方式。何不给他买个蛋糕，编写程序让机器人切蛋糕，以此感谢他对我们的谆谆教导？我们都没构建过这类系统，但这并不重要。大家熬夜写代码，给工业尺寸的机械臂配了一把大得离谱的切刀。时间仓促，我们没法很好地固定刀片，索性用半卷胶带将切刀的手柄绑在机械臂上。

第二天，蛋糕摆上了桌。机械臂也准备就绪。满怀惊喜的教授被请进实验室。

我们启动了机械臂，运行了程序，灾难随之降临，大家面面相觑。我们给机器人编程，为的是让它切像海绵一样松软的蛋糕，但买蛋糕的同学买的是长方形的冰激凌蛋糕。蛋糕的硬度发生了始料未及的改变，机器人失控了。

机械臂开始敲打蛋糕，在空中挥舞。一名学生吓得仓皇而逃。糖霜四溅。

有人冷静地走上前去，按下机器人底座上大大的红色“停止”按钮。蛋糕被毁了，但教授很开心，他喊道：“奇思妙想！”还好，没人受伤。

我们从中得到了一些教训。其中一个是，我们可以而且总是应该设置一个红色按钮、一个可拔出的插头，或一种关闭系统的方法。（目前所有机器人都有这个功能。）我的另一个心得是：建造一个可以触碰并抓取现实世界中物体的机器人非常困难。在机器人学中，我们将这个子领域称为“自主或灵巧操作”。机器人必须能安全有效地与世界中的人和物玩耍、工作，只有这样，它才可以走出工厂的牢笼，发挥其潜力。我希望机器人能执行精细的操作任务，比如换灯泡；希望它们足够安全和敏感，能伸手帮助跌倒的人站起来。我也很想有一个可以在晚宴结束后收拾餐桌的机器人，这样，我的客人就可以尽情享用咖啡或餐后饮料，不必为清理餐桌而费心。

问题是：从工程学和编程的角度看，建造飞往火星的机器人比建造可以清理餐桌的机器人容易。

我们已经制造出了可以在一定程度上实现自动驾驶的汽车，为什么难以造出可以清理餐桌的机器人呢？自动驾驶汽车或在火星上空巡航的机器人运行于自由空间，不与物理世界中的物体或生物互动，其目标恰恰是避免互动。制造能移动且避免与其他物体或生物接触的机器人是我们的强项。

制造主动与物理世界接触的机器人却是另一类问题。假设你需要更换床头灯的灯泡。对人类来说，这个任务很简单：把手伸到灯罩下，手指轻柔稳定地压在灯泡上，然后旋转。灯泡松动后，将其从灯座上取下，放在安全的地方，把新灯泡换上。

思考一下，机器人要具备什么条件才能完成这项任务。假设机器人知道，现在该换灯泡了。简单起见，我们重点关注机器人的身体，不考虑机器人怎么走到床边。

机器人的身体要有手臂，能移动到空间中的各个点，还要有摄像头或其他传感器来向它提供灯周围的环境信息。机器人要能做出决定，选择手臂移动的可能路径，避免在伸向床头灯时打翻床头柜上的水杯。它的手臂末端还要配备某种类型的手或抓具，这只手要足够灵活，能拾取各种形状和材质的物体。手必须能按压物体，还要能感应力量和其他反馈，使它不至于挤碎物体。此外，这个机器人也应该能识别出自己是否遇到了意外的障碍物。机器人还应懂得如何握住物体，我可不希望我的机器人因为不懂怎么端杯子，在收拾餐桌时斜着拿半满的酒杯，将波尔多红葡萄酒洒在地毯上。

但现在，我们假设上述问题都解决了。

机器人走到灯附近，要能看清灯罩和灯泡之间的空间，规划出一条路径，让它的手抓住灯泡。如果机器人成功完成了这部分任务，且没有撞倒床头灯，它还要知道以多大的力抓住灯泡，既不会捏碎灯泡，又能让灯泡转动。这是对机器人大脑的挑战（如前所述，这部分任务涉及如何规划与更大的任务相关的步骤，从高级控制到低级控制），也是对身体的挑战。机械臂要足够灵巧纤细，可以将手伸到需要的地方。为了抓取灯泡，机器人还要有一个配备了恰当工具的机械手或末端执行器。对机器人来说，这项任务极其复杂，对人类来说却轻而易举！就灵巧程度而言，两岁的幼儿比最先进的机器人强得多。

我和朋友们制造切蛋糕机器人的时间很仓促，也没有当今机器人专家的计算或机械资源。如今，机器人学已取得很大进展，我们不仅可以造出会切蛋糕的机器，还可以开发烘焙机器人。一款名为 Bakebot 的烘焙机器人凸显了与操作相关的许多挑战和可能性。它还会做我最喜欢的零食——以澳大利亚巧克力为原料的阿富汗饼干。[1]

我实验室研制的烘焙机器人原型机是 PR2 的改良版，PR2 是一种流行的人形研究用机器人，它的眼睛是两个立体摄像头和一个激光扫描仪，两只手臂配备了灵活的力敏抓具，还有一个轮式底座，能在平坦的表面上移动。然而，要将它改良为家用烘焙机器人，我可能会为它开发更薄、更柔软、更灵活的身体，也许还会为它加一条围裙。但现在，我们得专注于眼下的任务。

想象一下，我正在举办晚宴，将最重要的甜点准备工作交给了烘焙机器人。烘焙过程从阅读食谱开始。

食谱是用人类能理解的语言（比如英语）写的，机器人不能很好地理解自然语言。机器智能可以阅读文本，并根据之前训练过的许多文本预测接下来应该出现的单词或短语。它们还可以将英语翻译成法语，准确性非常高，但无法理解词的真正含义。因而，机器人必须先将人类的食谱转换成它可以理解的食谱，也就是说，食谱上的每个动作都必须转换为机器人可以实际执行的一个或一系列动作。对人类来说，准备工作非常简单：将适当的食材倒入搅拌碗中，搅拌，加入更多食材，再次搅拌至一定稠度。在此过程中，我们不会思考如何行动，只会顺其自然地做。而机器人需要的指令要详细得多。

假设我严格按照标准准备好了所有原料，就像烹饪节目中看到的那样：黄油在一个碗里，糖在另一个碗里，面粉在第三个碗里。桌上还放着盛有脆米饼和可可的碗，一个空的搅拌碗和一个蛋糕盘。

首先，食谱要求将黄油和糖混合。机器人必须观察桌上所有的碗，研究它们盛的是什么，分辨出不同的原料分别放在哪个碗里。如果我准备的糖和面粉都是白色的，机器人就得使用颜色之外的元素来理解二者的区别——也许机器学习引擎可以识别材料颗粒度的差异，这样，它就知道粒状晶体是糖，细粉末是面粉。

了解了原料的差异，知道在哪里找到黄油、糖和搅拌碗之后，就可以进入下一个阶段了。

现在，烘焙机器人必须制订计划，将一只手从当前位置移到装有黄油的碗附近，去抓住碗沿。为此，我们运用反向运动学（它是一种算法，由目标向后推导，确定实现目标或最终状态所需的步骤）。大体上说，机器人知道它想将手和手指放在目标碗附近空间的特定位置，能算出到那儿所需的动作和动作顺序。这意味着高级控制器和低级控制器能准确指示肩膀、肘部和手腕的电机做什么，所有关节都能以不同的方式旋转和移动。

烘焙机器人必须知道，要向每个关节施加怎样的力和扭矩，持续多久以及如何安排动作顺序才能将手放在碗沿，而且过程中不会撞到其他物体或它自己。机器人研究人员为正向运动学和反向运动学开发了必要的数学算法，这些算法非常复杂，其复杂程度取决于机械臂的结构。不过，我们基本上知道如何完成这项工作。

烘焙机器人完成了第一项任务，手靠近碗边，通过夹住碗沿来确认碗的存在（及其摄像头的准确性）。安置于头部的摄像头确定手中是盛黄油的碗之后，机器人拿起了碗。

我的解释过于简化，实际上完成这些动作要难得多。我们把它称为操纵领域中的“最后一厘米”问题。将机械手移到我们想让它抓取的物体附近，这一点我们非常擅长，但最后一步可能会很麻烦，机械臂的构造导致它无法精准地移动，因而手的最终位置通常会有一些小误差。手如果与想抓取的物体错位，就可能抓不到。还有一个问题是，抓取时我们将机器人的手指放在哪里。工业机器人的手通常由硬塑料或金属制成，形似两只钳子，我们称之为双杆末端执行器。用这种工具抓取物体所需的精确度等同于用两个指甲抓取物体所需的精确度。*

你可以通过思考翻书的动作，来理解抓取动作面对的挑战。如果你阅读的是纸书，请捏住书的左上角，翻到上一页，再翻回

---

* 为机械手开发更好的硬件和软件，使其更适应在控制和放置方面的不确定性，这个目标有没有可能实现？我相信这是有可能实现的。

本页。是不是很简单？对大多数人来说，这是非常简单的操作。

现在回想一下你刚才完成的动作。我试过了。首先，我必须将手移到正确的位置，这个动作涉及手臂、肩膀和背部的肌肉。然后前臂肌肉向内旋转我的手，使手掌与页面平行。接下来，我的拇指轻压页面，食指将这一页与其他页分离。随后我捏住这一页的上角，再次调动手腕、手臂和肩膀的肌肉，将它翻回来。

人类自动执行的动作对机器人来说却极其复杂。

假设机器人用三根指头的手拿一个灯泡。因为接触点或每个机械指尖的位置不同，物体和手之间的摩擦力也有所不同。其中两根手指可能压在金属螺母上，第三根手指可能接触玻璃灯泡。如果整个灯泡从机器人的手中滑落，不同的手指会有不同的感觉。手指上的力传感器会告诉机器人，手指与玻璃或金属螺母之间的接触点发生了什么，但是作为整体的灯泡是什么状态？机器人要能提取这个非常具体的内容，将其与摄像头或其他传感器看到的局部信息关联起来，从而看到更大的画面——灯泡从手中滑落。

设计机械手以及引导它的算法需要对所涉及的力有深入的了解。谈到达·芬奇手术机器人时，我提到了我的朋友肯·索尔兹伯里。他在该领域的工作颇具影响力，其中一个原因是他有一种与生俱来的能力，可以想象机械手与物体接触时涉及的力。机器人领域的大多数研究者必须通过编写模拟程序将力可视化，而肯仅凭想象就可以做到。

设计一只机械手时，我们必须确定它有几根手指。研究表明，抓住大多数物体只需三根手指。为尽可能简单，许多机械手都只有三根手指。但肯指出，四根手指的手具备一些有趣的功能。其中三根手指可以维持稳定的抓握状态，第四根手指可以有效地在物体表面移动，操纵手中的物体，研究其角度，检测手感和硬度的变化。我的博士论文研究的是机器人如何操纵手中的物体，写作时我探索了该想法，运行了一种我称之为“手指跟踪”的算法。

现在，让我们回到想象中的晚宴。

在厨房里，机器人牢牢地抓住了碗。如果碗开始打滑，机器人手指上的传感器会检测到这种运动，并将数据传输到它的大脑，大脑会指示机械手内部的电机握得更紧，紧到可以防止打滑，又不至于将碗捏变形或者捏碎。

烘焙机器人将黄油倒入碗中，加入面粉、可可粉和脆米饼。机器人一只手抓住碗沿，保持稳定，另一只手挥动刮勺，开始搅拌。下一步是将面团放到烤盘上，这比较简单。然后，机器人拿起装有饼干的托盘，保持平衡，穿过房间，将其放入预热好的烤箱。预设的烘烤时间到了，机器人从烤箱中取出托盘，放到一旁冷却。最后，当饼干冷却，可以轻松地从托盘中取出时，它就会将饼干送给我晚宴邀请的客人。

类似的实验我虽然没在家做过，但在实验室做过，饼干很好吃。机器人完成的是比较简单的操纵任务，但为制造它我们付出了巨大的努力。做饼干需要形状可预测的结实的碗和工具，还要有配料表，当其中的配料经过混合和搅拌发生变化时，机器人要能学会识别和监控这种变化。做其他家务活的机器人开发难度如何？拿叠衣服机器人来说——标准洗衣篮里的衬衫、裤子、袜子和内衣有不同的尺寸、形状和图案，因此开发难度呈指数级增长。

但我们可以制造垃圾分类机器人。我们制造了一台名为Rocycle的机器，它能站在传送带前，通过触摸、视觉反馈和显示金属存在的感应组件区分拾取的纸张、金属和塑料品。通过添加这些金属传感器，我们改进了机器人的身体，有效提高了其智能和能力。Rocycle在无法确定物体是纸还是塑料时，会轻轻挤压物体，根据变形程度做出判断。塑料比纸稍硬，对手指的后推力较大。敏感的机械手让整个机器人变得更智能。

身体和大脑之间存在微妙的相互作用，垃圾分类机器人的例子让我们回到了这个话题。

在我开始研究机器人技术时，所有抓具（主要是两根手指的钳子）都是僵硬的。机器人要抓住一个物体，必须研究它的几何形状，进行一系列计算，估计按压物体的两个最佳位置，使其能牢牢抓住物体。这种机器人并不理想，需要大量运用人工智能。

想象一下，用指甲举起一杯酒。原则上你可以做到，但我不建议用酒或水来试验，因为你很可能会抓不牢。指甲尖和玻璃杯之间的两个接触点稍微滑动一下，酒或水都可能洒出来。

现在用手指（比如拇指和食指）柔软的指腹再试一次。你可以在更大的表面积上施加更大范围的力和扭矩。更重要的是，在你举起酒杯时一滴酒都不会洒出来。

同样，将僵硬的钳子换成柔软的机器人手指后，对精确度和计算的要求就没那么高了。从某种意义上来说，对大脑的要求越来越低，因为可选择的握法和位置更多了。在这些柔性传感器中添加接触传感器和力传感器之后，机器人就能获取更多信息，了解抓握是否有效，或者物品是否从机械手中滑落。现在机器人可以根据感觉来操作了。

在开发机械手和引导它们的大脑方面还有许多工作要做，但如今我们建造的机器人能做的远不只是切蛋糕。我可以想象，如果机器人技术继续以目前的速度发展，它们在各个生活层面可执行的任务将包罗万象。在医院、敬老院和儿童护理机构中，它们可以成为更得力的助手；在工厂和仓库，它们可以做更多艰苦的工作；在不利于人类的环境中，它们可以承担更危险的任务；它们还可以帮助我们探索深海和外太空中的一切。但我们如果真心希望机器人发挥潜力（无论是操纵世界上的物体，还是在世界中移动），就必须让它们具备学习能力。

第 11 章　　CHAPTER 11

机器人的学习

我喜欢滑雪，在我还是小女孩的时候，我就学会了滑雪。如今因工作繁忙，我享受这项运动的时间并不多，但我无须在每次滑雪时重新掌握从山上滑下来的技术，对此我非常感激。即使有一年或更长的时间没滑雪，我只需练习几次就能找回感觉。

这并没有让我异于常人。通常，这种技能人类只需学习一次。我们在大脑中创建并训练如何滑雪的模型，根据需要回忆和调用这个模型。如果从山顶到山脚的每个转弯都需要我经过精心策划才能完成，那我的速度会像树懒一样慢。实际上，只要开始滑雪，一切就都水到渠成了。就像骑自行车一样，一旦学会一项技能，我们通常不会忘记，需要时我们就能回忆起来。

如果想让机器人具备这种功能，工程学或编程的解决方案远远不够——机器人要能挖掘数据，研究过去的经验（包括自己的经验和其他机器人的经验），了解过去发生了什么、将来可能会发生什么、下一步该做什么以及如何做。* 它们要能学习，并与其他机器人分享学到的知识。

学习简化了较高层次的推理和规划过程，因而机器人能以我们期望的速度运行。(我的同事莱斯利·科奥柏林和托马斯·诺扎罗 - 佩雷斯一直在研究这一难题。[1]) 机器人并没有对每个动作做出计划，而是直接执行计划——这是卡尼曼所说的“快思考”的计算机科学版本。同样，当我站在雪坡上做准备时，我会简要评估一下环境，根据过去的滑雪经验，假设自己能适应不可预测的雪坡或冰地，然后就出发了。

想想你的日常活动。早上出门时，伸手转动门把手去开门，这个动作并非刻意而为，你做的时候自然而然、行云流水。一个无法学习和借鉴以往经验的机器人，不得不计划、协调每个动作，直到最后一步——驱动其关节内部的电机。上一章讨论的换灯泡的例子就是这样。我并不是说人类不做计划，我们在不同的抽象层面做了很多计划，但也从过去的经验和可用数据中学习，能够更快、更高效、更熟练地执行计划和行动。刚接触新款智能手机时，我们可能不知所措，也许是熟悉的按键消失了，或应用程序的排列方式变了，但试过几次之后，就能像操作旧手机一样熟练地操作新手机。婴儿用数周甚至数月学习如何操纵触手可及的物体，一旦成功抓住装有牛奶或配方奶的奶瓶，获得了奖励，喝到有营养的奶水，婴儿就会记住这个技

* 有些工业机器人不会学习，但可以一遍遍执行重复性任务。

巧。重复几次之后，便可不假思索地根据指令回忆并执行动作。

奖励是学习的重要组成部分，我们对机器人也实施奖励。假设我们想让机器人知道，火是危险的，水是安全的。我们可以创建一个计算机模拟，让机器人在虚拟空间自学二者的区别。模拟机器人每次靠近火，程序就给它扣分；每次靠近水，则给它加分。如果我们设定了明确的目标（比如尽可能积累高分），那么随着时间的推移，程序就能自然而然地学会避开会使它被扣分的火，靠近帮它加分的水。多次重复之后，机器人就明白火是不利的，水是有利的。

这种试错法被称为强化学习，可应用于机器人的诸多任务与技能学习。布朗大学机器人学家斯蒂芬妮·泰勒克斯及其学生做过一项实验，Baxter 人形机器人试图通过自学掌握各种物体的拾取方法。[2] 稳定地抓握物体（例如，拿起并握住一支笔，确保笔不掉落）被认为是正向结果，物体掉落或未能拿起物体则是负向结果。机器人专家无须监督实验，机器人会独立操作，尝试拾取不同物品的各种方法，并将有效和失败的方法记录下来。例如，机器人在拿起压蒜器时了解到，适用于较轻物体的握力并不适用于较重的厨具。Baxter 用力晃了一下压蒜器，压蒜器掉了下来，于是它调整握力，直到剧烈晃动压蒜器也不会从手中脱落。机器人通过自学掌握了更高级、更稳固的抓握技巧。随着时间的推移，它能利用试错经验构建拾取物品（如吸管杯或盐瓶等）的模型。

当时，世界各地的实验室约有 300 个这种人形机器人。斯蒂芬妮猜测，如果 300 个 Baxter 都在学习拾取物品，彼此分享知识和经验，不到两周就可通过共享经验，自学抓取 100 万个不同的物品。[3] 相反，如果由人类来训练机器人，一次训练一个物品，教人形机器人或为其编码让它学会抓握 100 万个物品，按照每天学习 3 个新物品的速度，全部学会大约需要 1 000 年。*

教机器人在现实世界中学习有其优势，但即使它可以独立学习，并在我们睡觉时彻夜实验，其进度仍然较慢。而模拟学习的速度极快。为了教微型猎豹机器人在不同地形上行走和奔跑，我的同事普尔吉特·阿格沃及其学生创建了一个模拟训练程序。他们不是一次移动一头虚拟猎豹，而是同时运行数千头猎豹行走的训练实例，这些实例还能互相启发——它们一起学习，共享成败经验。

我们通过编程，将基本的自然法则和物理定律纳入虚拟世界。猎豹机器人被赋予了明确的目标：尽可能快地跑过特定区域。然后程序开始进行试验。研究人员没有告诉机器人如何奔跑，只给它确立了一个目标“快速奔跑”，之后将其放在模拟世界，让程序自己找到实现目标的方法。起初，猎豹机器人以各种奇怪的、出人意料的方式移动四肢。如果模拟机器人跑了 5 米后跌倒了，它就会尝试另一种策略。但如果新方法只能跑 3 米，它可能就会回到之前的策略，进行一些修改，直到可以跑 6

---

* 如果机器人的手如上一章描述的，是柔性的，那么它可以通过自学掌握拾取更多不同的物品的方法。

米。在经历了 4 000 次尝试、无数次错误的起步和跌倒，出尽了洋相之后，系统最终学会了如何协调动作，在奔跑时保持平衡。虚拟猎豹通过自学学会了奔跑。程序完成了模拟训练，普尔吉特及其团队将微调后的模型转移到真实的机器人大脑，在现实世界中进行测试。他们的微型猎豹机器人不只是学会了行走，还打破了有腿机器人的速度纪录。

强化学习开启了令人难以置信的可能性。我的学生正在利用与普尔吉特类似的技术教汽车机器人如何比赛。OpenAI 的机械手将试错与推理相结合，解开了魔方。* 系统学会了如何控制手指中的电机和手的方向，从而改变单个方块的配置，在魔方不掉落的情况下解开它。例如，通过在虚拟空间中试错，机器人确定了一种有效的操作方法——将魔方握在手中，手指仅旋转最上层的平面。这么做可以在不失去握力的情况下操纵魔方。

模拟试验还训练了机器人处理突发事件的能力。研究人员开发了一种方法，每当系统成功解开了几次魔方，就加大模拟环境的难度。例如，改变魔方的大小或手指与魔方之间的摩擦程度。系统在各种情况下自行训练，以便在难度更大的模拟中稳定发挥。一旦系统在模拟中适应了足够多的随机变化和调整，团队就将其转移到真正的机械手中，它的表现也一样好。虚拟训练能让真正的机械手完成解题，即使研究人员试图迷惑它，

---

* 有趣的是，OpenAI 使用有 15 年历史的机器人设备“影子机械手”的改良版来解开魔方。从这个意义上说，机器人身体的发展速度已超过了大脑，这与我的博士研究不同。

给它施加它从未经历的干预，例如将其两根手指绑在一起，在它身上盖毯子，用笔戳它，或用长颈鹿毛绒玩具轻推它，都不会影响它的表现。[4]

研究证明，强化学习非常有效，但必须进行多次迭代，因而计算成本很高——包括计算机的运作成本、与运行学习程序相关的电力成本，以及强化学习所需的资金成本。此外，强化学习的可预测性较低。模拟产生了有效或看似有效的算法或系统，但你已经让系统自学了，没有进行操作编程，也没有告诉机器人怎样按你的设想去做，所以你不了解机器人行动的理由，因而很难证明系统会永远有效，或者在不可预见的情况下会怎么做。同样，如果系统出了问题，你也很难解释其原因。

现在，我们暂时回到有关汽车机器人的讨论。我们无法对自动驾驶汽车进行编程，让它对每种可想象的路况做出适当的反应，因此需要它能够学习并分享所学的知识。请记住，汽车机器人的大脑由多个模块组成，这些模块的作用包括感知、定位、物体检测、规划和控制。我们如果为所有情况编程，就要结合所有可能的道路场景对所有模块进行微调，例如有车道或无车道的街道、城市道路、乡村道路、白天或夜间驾驶等。我们即使知道所有可能的情况，也很难做到这一点。实际上，我们根本做不到！差得不是一星半点儿。

我的团队将现实世界的经验与模拟相结合，帮助自动驾驶汽车学习在不依赖大数据集的情况下应对突发情况。在某个项目中，我们让人开着半自动驾驶汽车在波士顿周围行驶了几小时，记录所有相关数据，包括传感器收集的车辆周围的事件数据，以及人类驾驶员在各种场景下的反应数据。然后我们创建了一个程序，跟踪人类驾驶员的行为与传感器在环境中检测到的各种特征相关联的方式。当前方车辆开始减速时，如果人类驾驶员对刹车施加了一定的力，系统就会将这种平缓、谨慎的制动与另一辆车的减速关联起来。通过这种方式，人类可以教机器人学会开车。这种机器学习的方法被称为"模仿学习"。

该方法的问题在于，它受所收集的数据的限制。如果人类驾驶员不必为躲避另一辆车而急刹车或突然转向，那么汽车机器人学习了人类驾驶员的经验，在可能出现的意外情况下，也很难说它会做出恰当的反应。我们肯定不想让机器人在现实世界中通过试错来学习。允许青少年开车上路都很难，更别说这样的机器人了。

频繁驾驶和移动机器人不失为一种方法。我们可以派更多的司机驾驶更多的车。谷歌旗下的自动驾驶汽车 Waymo 背后的技术在现实世界中行驶了超过 2 000 万英里，但大多数研究人员没有资源运作如此大规模的项目。[5] 为此，我的团队创建了一个名为 VISTA* 的模拟环境，可以转换人类在驾驶过程中收集到的较小的数据集。由于每次驾驶数据都能在模拟中修改，我们可以创建所谓的"边缘情况"，比如，导致鲁莽的驾驶员造成事故的突发状况。无须编译和处理覆盖数百万英里的大数据集，也

---

* VISTA 现已开源。

无须等待汽车机器人遇到心不在焉的司机，我们可以在安全甚至乏味的情境下开车，然后将其变成复杂混乱的局面，创造尽可能多的困难和各种驾驶场景。通过这种方式，我们可以训练自动驾驶汽车在遇到类似困境时做出恰当的反应。我们无法想象每种场景，因而无法一一为其编程，但可以在丰富的边缘情况中模拟训练机器人。如此一来，当它遇到自己之前未见过的情况时就能做出更恰当的反应，如同 OpenAI 的机械手知道解魔方时不要理会玩具长颈鹿的干扰，或者训练良好的物体识别算法可以在从前未见过的场景中识别出一棵树。

机器人领域的学习方法有很多，到目前为止我谈论的只是其中的一部分，后文中还有更详细的介绍。现在许多应用程序都使用深度学习，它是机器学习的派生或分支。鉴于其普遍性和影响力，我们需要在利用机器人进行学习和感知的背景下更深入地理解这一概念。

机器学习的成功可追溯到 20 世纪 70 年代人们对计算机视觉的早期探索。当时，研究人员在开发一个系统，以自动识别二维图像的特征。最初，他们用一张图片评估并训练系统，比如一张黑白照片，照片上是一位正在微笑的戴帽子的女士。后来，研究人员将数据集扩展到其他类别的图片，比如汽车。最终，李飞飞及其学生开始编译 ImageNet，这是一个庞大的数据集，算法分割了其中每张图片中的所有对象，* 标注人员检查了分割的准确性，并进行了标注。他们会观察图片，标注看到的物体，比如汽车、人、猫、狗或公园长椅。** 人类标注的图片被存储起来。随着时间的推移，ImageNet 存储库里的图片越来越多，最终超过了 1 400 万张。*** 标注数据集需要大量人力。每张图片中的每个关注对象都被人对应到某个特定的词，例如“汽车”或“狗”。

有了这个更大的标注图像数据集，我们就可以训练系统识别场景中的对象（该系统被称为“深度神经网络”），然后用 ImageNet 基准测试来检验它们是否成功。例如，给定数十万张标注为狗的图片，神经网络会根据人类告诉它的与“狗”这个词关联的对象所对应的模式来识别“狗”。这并非简单的比较。人类将图片视为一个整体，计算机看到的却是巨大的像素网格，它要在这片像素海洋中找出图案或特征。

机器的学习方式也与人类不同。机器学习技术是通过被称为“人工神经元”的计算单元构建的。这些人工神经元被组织成网络架构，确定了神经元之间的线路或连接，形成人工神经

* 在识别图片中的对象之前，我们需要在更大的图片中找到它。首先，我们会利用一种算法发现构成图像的庞大像素网格中的边和角。该算法将看似属于同一整体的边缘聚合起来，然后将新勾勒出的像素组合识别为一个对象——例如，杂乱桌子上咖啡杯的轮廓。这一过程就是图像分割，它能降低场景复杂度。一旦图像被分割，系统就可以专注于识别已经被勾勒或分割的对象。

** 这会造成人工智能中的偏差，我们稍后会对此进行讨论。

*** 如何判断一种算法优于另一种算法？我们有基准数据集来评估其相对性能。

网络。学习过程是利用数据识别模式，这些模式被编码在模型的参数中。模型能识别陌生数据中熟悉的模式，从而在面对未曾见过的数据时做出决策。

机器学习系统贯穿多个相互关联的处理层，具体取决于数据类型，比如图像、文本、视频序列、传感器数据流等。假设我们想让一个机器学习系统识别对象，数据由图像组成，每一层都匹配不同的图像特征（或像素子集）。例如，在第一层处理中，系统可能会对比几个 2×2 像素的正方形。一旦匹配和评估了小图案，系统就会将此输出作为下一层处理的输入，匹配其他像素图案，这些像素图案通常对应于图像特征，例如角或边缘。这个学习过程是怎样的？随着网络在多层中行进，并放大到我们关注的更大的对象，系统开始根据特征之间相互对应的合理性来编译它们。最终，网络评估了所有微小的聚焦模式，有理有据地猜测对象的身份。例如，系统得出结论，图像中被关注的对象有 92% 的可能性是狗，或者以 91% 的置信度将其识别为马克杯。

系统经过数十万张标注图像的训练之后，就能识别人类未标注的图像中的对象。网络已经为每个对象的外观构建了自己的模型，因而可以在新图像中识别以前从标注数据中提取的相同模式。换句话说，它已经学会了识别狗或杯子。

这些解决方案或学习方法是否体现了通用智能？答案是否定的。在焦点应用程序中，机器学习和人工智能系统表现出非凡的性能，但并不像我们认为的那么智能，比起人类更是相形见绌。首先，它们缺乏稳健性，这意味着它们会犯错，并且比较容易上当受骗。

我最喜欢的例子是向对象识别系统展示一只狗的图像。最初，程序以 98% 的置信度认为它看到的是一只狗。然而，在轻微干扰几个像素后，系统的结论就变了。机器学习引擎认定它看到的是一只鸵鸟。不仅如此，系统对这一结果的置信度仍是 98%。

这种像素改变是对抗性攻击的一个例子。我向你保证，那只狗根本不像鸵鸟。人类在观看图像时肯定不会犯这样的错误。针对任何图像（或其他类型的数据）都可能出现这种对抗性攻击。有一个例子让人感到不安，而不是有趣，那就是针对停车标志图像的对抗性攻击，它突显了此类系统中存在的一个关键缺陷。

在停车标志图像中添加一些噪声，对图像进行精确的调整，这些变化足以欺骗机器学习系统，让它以为自己看到的是让行标志。但在人类眼中，它仍然很像停车标志。

受到扰动的图像与原始图像之间的差异小到难以察觉，但对抗性攻击带来的细微变化却让机器学习引擎产生误差。* 这是一个重大缺陷。攻击严重损害了自动驾驶汽车的判断力，我们不希望它如此脆弱。机器人分不清狗和鸵鸟可能会让人觉得有趣，如果机器人想带着鸵鸟散步就更可笑了，但将停车标志看成让行标志可能会导致严重的交通事故。

---

* 变化或扰动不是随机的。对抗性攻击会添加精心选择的噪声，诱骗网络给出错误答案。我们正在努力防范对抗性攻击。

在机器学习的炒作中，人们经常忽略或忘记的是，大多数机器学习的想法其实是几十年前提出的。神经网络首次引入时甚至无法良好地运作，但随着数据收集和存储能力的不断提升，加上处理器速度的指数级增长，它已经今非昔比。如今，像深度神经网络这样的机器学习引擎之所以非常有效，是因为我们有能力表示大模型、使用大量数据来训练模型，并能快速执行计算。

但它们也有局限性。模型通常包含数十万个人工神经元和数百万个参数。* 网络如此庞大，很难通过检查其内部运作来准确理解系统如何做出预测或得出结论，因此我们不确定它们是否总能给出正确答案。在调整了几个像素后，视觉系统为什么会将狗认作鸵鸟？我们真的不知道。

我们也无法信心十足地预测自己的机器学习和人工智能模型在特定情况下会做什么。它们太复杂了，要搞清其内部究竟发生了什么真是难于上青天。它们只是给你一个答案，在大多数情况下，答案似乎是正确的，但它们不会解释得出答案的原因和方法。鉴于网络的复杂性，进行取证分析几乎是不可能的。

如果你要求机器学习系统根据人物、场景或活动对你的度假照片进行分类和标注，那么即使出了错你也不会介意。但在驾驶或制造等高安全性应用上，机器人出错是无法原谅的。我们可不希望自动驾驶汽车或家庭机器人助理犯下危险的、无法

---

* 像 GPT-3 这样的大型语言模型由 1 750 亿个参数组成（需要 800GB 的存储空间），要训练它需要大量数据——几乎是所有公开可用的文本数据。

解释的错误。因此，我们如果想让羽翼渐丰的机器人和智能系统与我们并肩工作，就要了解它们做出特定的决定或犯下特定错误的原因和过程，这样才能保证一定程度的可预测性、安全性和性能。此外，如果机器人出了问题，我们也能知道它为何会做出错误的选择，或执行错误的决策。我们要有能力深入了解它们的人造大脑，理解它们的决定。机器学习研究界正在努力应对这些挑战。理想情况下，我们将开发符合上述标准的学习方法，减少对海量数据集和极其强大处理能力的依赖。过去的 10 年，我们利用数据极大地推动了该领域的发展，但不能继续朝这个方向前进了。成本太高了。由 OpenAI 训练的 GPT–3 网络及其衍生产品 ChatGPT 是最成功的自然语言处理模块之一，它如此优雅，能力非凡，但 OpenAI 首席执行官萨姆·奥特曼坦言，GPT–4 的训练成本超过 1 亿美元。[6] 我们不能以这种方式构建所有模型。

我们还需要积极对抗系统中的偏见。机器学习模型只能从展示的示例中学习，因而其质量取决于训练它们的数据。当数据存在偏见、质量低劣或数量有限时，生成的模型也会有同样的特点。根据历史数据训练的模型可能会延续该数据中长期存在的社会偏见。机器学习系统查看银行贷款的历史数据集，发现向白人发放贷款的比例较高，于是便会确定白人是更优质的贷款候选人。一直以来，贷款决策依据的信用体系本身就存在偏见。遗憾的是，这并非新问题，用存在种族偏见的数据训练的机器学习模型会继续持有这些偏见。[7] 我们可以通过改进数据、构建更多样化的数据集来消除人工智能和机器学习中的偏见，但有证据表明，这会损害模型的性能。[8]如果我们希望模型对世界产生积极影响，其运作就必须有效。值得庆幸的是，即使模型是在不完美的数据上训练的，仍有一些调整方法可以让它达到最佳性能，同时减少它的偏见，提高它得出公平、公正结果的可能性。请记住，机器人或人工智能系统的大脑并非一个统一的实体，它是具有不同功能的模块和算法的组合，我们可以开发一个模块来纠正系统的偏见或缺点。马萨诸塞大学阿默斯特分校和斯坦福大学的研究人员团队开发了一个系统，允许特定机器学习或人工智能模型的用户描述自己希望解决方案避免的行为。他们正在开发新的算法，调整系统以避免种族偏见、性别偏见和其他不良特征。[9]我的实验室也做过这方面的工作。

机器学习的缺点是脆弱、规模庞大、计算量大、缺乏可解释性、存在偏见。研究界正在积极解决这些问题。我和我的好友、维也纳科技大学的计算机科学家拉杜·格罗苏以及我们的学生一直在深入思考这些问题。我们有一个想法，那就是彻底重新设计标准的机器学习模型。[10]生物学家绘制了秀丽隐杆线虫等生物的大脑活动图，我们从他们的工作中找到了灵感，最终创建了一种紧凑的、可解释的新模型，我们称之为**“液态网络”**（liquid networks）。[11]

先来了解一下线虫。长期以来它一直是科学研究的重要对象，其大脑只有302个神经元。[12]人类有860亿个神经元。传统的深度神经网络有数十万甚至数百万个人工神经元。尽管线虫的大脑很简单，但它仍可以找到食物、繁衍生息，活动范围遍布世界各地，仅靠 302 个神经元就可以活得很好！

学习有关线虫大脑的研究文献时，我们了解到，生物学家发现这 302 个神经元中的每一个都做着相当复杂的数学工作，有效地计算微分方程。没错，秀丽隐杆线虫的神经元会进行基本的运算。而标准深度神经模型中的神经元操作比较简单。神经元接收不同的输入值，将它们加在一起，然后根据总和生成简单的输出。如果计算结果低于某个值，它可能会生成 0，否则会生成 1。这是很简单的数学计算，但每个模型中都有大量的人工神经元，在大模型中其连接可能高达数百万。计算量很大！加之计算并不总是必要的，因而系统存在大量冗余，且效率低下。

我的描述过于简化，但我希望你能明白：标准人工神经网络中的神经元会执行基本的数学运算。普通的神经元知道如何添加和生成适当的输出。这当然不是微积分。我们想，如果设计一个人工大脑，其神经元会解微积分，具备生物学家在线虫大脑中发现的功能类型，结果会怎样？

人工大脑中的神经元更少，但每个神经元的作用更大。

基于这些想法，我和拉杜领导的团队设计了一种新型人工大脑，结果非常鼓舞人心。在我们的解决方案中，液态网络（由我们与我们的学生拉明·哈萨尼、马蒂亚斯·莱克纳和亚历山大·阿米尼共同开发）中的每个神经元都包含一个微分方程。该方程有一个可变的或“液态的”时间常数，可根据接收到的输入进行调整。因此，整个液态网络可在神经元水平上动态适应，以解释它所经历的事情。我们发现，液态网络不需要让人工神经元进行较高级的计算，而且网络的规模和计算需求要小得多。*

我们的研究转向更少但更强大的神经元，这种转变带来了新的能力。液态网络能根据接收到的输入进行训练，然后改变其参数，因而可以适应新环境并表现出因果关系，这意味着它们专注于指定任务中的重要事情，而不是任务的背景。以驾驶汽车为例，液态网络在直路上行驶时很少对环境细节进行采样（或搜寻），而在蜿蜒道路上行驶时则会频繁这么做，而大多数机器人大脑不是这样训练的。

学习开车时，我们知道有一个表面叫道路，道路上有线，应该在线内驾驶。如果没有清晰的线，那就沿着道路直行，或向左、向右转弯。我们如果是驾驶水平较高的司机，就会忽略远处的树、灌木丛或建筑物。

我们的液态网络具有这种能力，但今天的机器人大脑是基于深度神经网络模型构建的，不一定以这种方式运行。为了证明二者的差异，我们将运行深度学习模型的自动驾驶与使用液态网络的自动驾驶进行了比较。尽管液态网络的神经元仅有19个，而用于比较的深度神经网络有超过10万个神经元，但前者

---

* 最初，我们将神经运算确定为计算需求很大的ODE（常微分方程），但最终进一步简化，推导出了一个足够准确且不需要ODE求解器的闭合形式的近似解。

的人工大脑能通过观察人类开车来学习如何驾驶。本质上说，液态网络通过自学，学会了如何将转向控制与道路曲率相关联，以及如何避开障碍物。此外，我们可以看到，液态网络在操纵转向时，注意力集中在地平线和道路两侧。而深度学习模型的注意力没那么集中，机器人观察树木、灌木丛、天空和道路，表现得更像一个心不在焉的司机。

简洁的液态网络还有一个优点——我们可以查明其行为的原因。它只有19个神经元，我们可以提取决策树*，以人类可理解的形式解释网络如何做出选择，并揭示每个神经元在不同行为类型中的作用。我们可以撬开它的黑箱，了解液态网络如何看待世界，如何进行推理。我们还可以从数学上证明，该函数刻画了因果关系——系统忽略了背景（比如灌木丛），将注意力集中在路面上。

我举这个例子是因为它表明，可能还有其他更好的方法来构建和设计机器人大脑，从而推动未来机器人和智能系统的发展。无须依赖黑箱，我们可以通过更简单、可解释、预测性更强的行为和决策得出相同的结果。只要不断自我鞭策、破旧立新，我们就能做得更好。“欲穷千里目，更上一层楼。”但我有点儿冒进了。在谈论未来之前，要解决一些技术挑战，我们可以将这些挑战看作创新者、发明家和工程师的技术待办清单。现在，先补充一些专业知识。

---

* 决策树是一种决策支持工具，它使用树形图来表示决策及其结果。

更多专业知识

机器学习有许多不同的方法。这些方法利用数据确定模式，描述数据集的某些属性（例如，ImageNet 的对象识别任务），基于过去的经历判断未来可能发生什么（例如，猎豹在学习行走的任务中可能会跌倒），或基于当前发生的事情判断后果或反应（例如，在驾驶任务中如何转向，如何生成适当的文本或代码以响应提示等）。以下是几种主要方法的简要总结。

机器学习（machine learning）是人工智能的一个子集，它不需要显式编程，为系统提供自动学习和根据经验改进的能力。机器学习系统可以从数据中学习、识别模式，在最少的人工干预下做出决策或预测。机器学习利用自动建模的数据分析，以及从数据中迭代学习的算法，让计算机在未经显式编程的情况下找到隐藏的洞见，这些洞见或模式可用于预测从未见过的数据或未来的数据。机器学习算法基于样本数据（又称训练数据）构建模型，在未经显式编程的情况下对未来数据做出预测或决策。训练数据包含巨大的数据集，因而对象识别模型能扫描数百万张树木图像，然后观察世界，识别出从未见过的树。机器学习不仅与图像有关，还可用于发现各种数据集的模式。它提高了智能手机语音识别系统的能力。高频交易公司利用机器学习识别数据模式，如果利用得当，这些模式可以产生利润。企业利用机器学习工具分析内部客户和销售数据，发现趋势，拟定新规划或销售计划。数据集太大了，人类无法发现所有模式，机器学习的最终目标是在大量数据中寻找人类无法察觉的模式。机器人可以利用机器学习提高大脑各方面的能力，包括感知、计划、控制和协调。机器学习有多种类型，包括有监督学习、无监督学习、半监督学习和强化学习，每种类型都有不同的目的，作用于不同类型的数据，以获得不同的结果。

有监督学习（supervised learning）是指利用人类标注的数据集来训练模型（常见的例子是神经网络），从而对数据进行准确分类或预测结果。有监督学习为模型提供已标注的训练数据。训练数据中的每个示例都由输入向量及其相应的输出值（通常称为标签）组成。有监督学习算法的目标是学习一个函数，该函数在给定输入的情况下可以预测正确的输出。我们可以将其视为一位老师监督学习的过程。有监督学习的模型分为两大类：回归模型和分类模型。拿分类模型来说，通过在许多人类标注的图像上训练对象识别模型，模型会学会将某些像素排列与人类提供的词（如“狗”或“杯子”）关联起来。受过大量图像训练的成功模型能识别图像中未经人类标注的狗或杯子，从而学会识别图片中的对象，但它并不知道杯子或狗到底是什么，也不知道喝水时该选哪个杯子，散步时该带什么出门。

深度学习（deep learning）是机器学习的一个子领域，主要研究受大脑启发的算法，即人工神经网络。这些神经网络通常有很多层，因而很“深”。层数越多，网络可识别的特征就越复杂。神经网络是由被称为“人工神经元”的计算单元构建的，这些计算单元被组织成网络架构，确定了神经元之间的线路或连接。神经元的计算包括由激励函数处理的加权输入的总和。应用范围最广的激励函数是 sigmoid 函数，它本质上是一个阶跃函数，如果输入小于阈值，则输出 0；如果输入大于阈值，则输出 1。人工深神经网络由输入层、（通常是大量的）隐藏层和输出层组成。

神经网络架构有不同的类型，包括前馈神经网络、卷积网络、递归神经网络、长短期记忆网络（LSTM）、生成对抗网络（GAN）、自编码器和变分自动编码器（VAE）。* 本质上，这些架构都由神经元、突触（人工神经元之间的连接）、与突触相关的权重、偏置和激励函数组成。其差异在于神经元的数量、层数以及神经元的连接方式。每个神经元的基本计算过程是先获取上一层的输出，乘以相应的突触权重，得出的结果加上偏置，再将该数字传递给激励函数。深度学习使用数据（通常有数百万个手动标注的例子），确定人工神经网络中每个节点所对应的权重。如此一来，网络接触新输入时，就会对其进行正确分类。深度学习已应用于很多领域，包括计算机视觉、语音识别、自然语言处理、机器翻译、生物信息学、医学图像分析、气候科学、材料科学、棋盘游戏、药物设计等。深度学习不仅限于有监督学习，还可应用于所谓的无监督学习任务。

无监督学习（unsupervised learning）是机器学习的一种类

---

* 分类越来越专业了。如果你想深入了解各类网络，我鼓励你阅读机器学习相关的入门书。

型，算法在没有任何明确指导或标注示例的情况下学习数据中的模式和结构。无监督学习的目标是识别模式，找到底层结构，从模型中提取有意义的洞见。在许多应用中，我们的输入数据没有标注相应的输出，只提供一个大数据集作为输入，以此来测试系统是否可以自己识别数据中的模式或相关概念。例如，如果你给系统提供包含汽车和动物的图片，但没有指出具体对象在哪些图片中，就可以使用基于聚类的无监督学习来看看系统是否可以自行确定，即能否正确分辨出包含这两个类别的数据集。当你拥有未经人类分析和标注的数据，想从中提取一些特征时，无监督学习是一种非常有价值的方法。

半监督学习（semi-supervised learning）结合了有监督学习和无监督学习的元素，使用标注和未标注数据来训练模型。标注的数据有助于指导学习过程，未标注的数据则有助于发现模式，提高泛化能力或将模型应用到其他任务中的能力。当标注的数据过少或成本过高难以获取时，这种方法很有用。

自监督学习（self-supervised learning）是无监督学习的一种形式，它根据未标注的训练数据创建自己的标签。该算法被训练为利用结构化但未标注的数据执行任务，目标是通过从数据中找到模式或规律性为任务提取有用的信息，而非通过告诉系统寻找的对象来实现这一点。无监督学习旨在发现数据中的模式、结构或关系，但不标注或注释数据，而自监督学习旨在自行生成人类使用的标签。例如，机器人可以观察其行为在世界中的影响，以非结构化数据作为输入，自动生成数据标签，在后续迭代中这些标签被用作基本事实。这种方法的好处是，研究人员不必进行监督或干预。我们让机器人自学。

强化学习（reinforcement learning）是指智能体与环境交互，学习如何做决策或采取行动，最大限度地获得奖励或减少惩罚——它规定了一种试错形式。例如，可以创建一个真实或模拟空间，在这个空间里，机器人与奖励函数和目标一起运行。当机器人尝试不同的动作时，系统会监控它是否失败，或是否朝着目标前进。进步会带来积极回报，失败则导致消极回报。机器人尝试得越多，越容易趋向产生积极回报的行为，同时避免消极行为。你如果正在训练一辆自动驾驶汽车，可能会让一名人类工程师坐在驾驶座上，或者监控机器人的行为和决策，机器人会标注积极和消极的选择。通过这种方式，工程师强化了机器人良好的驾驶习惯。我们称之为有人类反馈的强化学习。

模仿学习（imitation learning）是一种机器学习，学习算法试图模仿或效仿人类专家或其他熟练智能体的行为。专家不使用奖励，而是提供一组演示，有效地向软件智能体展示如何完成某件事。顾名思义，模仿学习就是机器人通过研究和模仿执行某项任务的另一智能体（通常是人）来学习。比如操纵任务，我们向机器人展示如何拾取陌生物品，其方式是我们亲自操作并让机器人观看，也可以在跟踪机器人运动时操纵抓手，使其放在合适的位置上。然后，机器人就可以自己模仿该任务。[1]自动驾驶汽车公司 Waymo 宣称其系统是世界上经验最丰富的驾驶员，因为他们的汽车机器人行驶的真实和模拟里程已超过 200

亿英里。[2]但这种方法也有缺点——经过模仿学习，汽车不一定像人类一样驾驶。为完善解决方案，Waymo收购了一家开发自动驾驶模仿学习方法的公司。[3]对人类驾驶更细致地研究可能会让自动驾驶汽车的行为更接近人类驾驶员。

生成式人工智能（generative AI）是指一组技术，可以生成与现有数据模式相似或一致的新内容或数据。生成式人工智能模型的目的不是简单地进行预测或数据分类，而是创建与训练数据相似的新信息，如图像、文本、音频甚至视频。VISTA模拟器可以生成用于训练自动驾驶端到端学习的极端案例，这就是生成模型的一个例子。用于训练生成模型的数据量通常很大。最近，我收到了我的学生亚历山大·阿米尼和艾娃·苏莱曼尼赠送的一份精美礼物：由人工智能生成的我的古风肖像。为了获得这幅肖像，他们使用概率扩散模型，基于58亿张图像及其文本描述对模型进行训练。为了生成新图像，由随机噪声组成的数据通过神经网络一步步地迭代“去噪”，这就是该神经网络的任务。[4]数据每次通过神经网络，看起来都更接近图像而非噪声。迭代过程进行了许多步，每一步都会消除一小部分噪声，因而大量的去噪步骤可产生高质量的结果。模型在58亿个“文本到图像”数据基础之上训练了大约两个月。在数据集上进行训练后，当提示生成新的人物肖像时，模型会生成一个栩栩如生但形象随机的人。为了让肖像彰显我的特点，亚历山大和艾娃采用了二次训练机制，根据“丹妮拉·鲁斯”的文本描述，用我的10张照片对模型进行了微调。二次训练持续了大约一小时。最终结果就是你在本书英文版护封上看到的肖像。

这种通用方法是大型“文本到图像”模型（比如 DALL–E）的基础，是一种生成式人工智能引擎，可以根据描述性书面命令快速生成各种风格的数字艺术品。大型语言模型（如 ChatGPT 的软件基础 GPT–3）是具有数十亿到数千亿个参数的深度神经网络，其训练方式是在执行特定任务（例如，预测下一个词）时处理庞大的文本数据集。生成模型可用于生成许多其他类型的数据，包括音频、代码、模拟和视频等数据。

第 12 章 CHAPTER 12

未来之路

经常有人问我，是否可以为其建造定制机器人。我的表姐安卡·格罗苏博士是肿瘤学家，她问我是否可以为她建造一个植入机器人，随时监测肿瘤的状态，以便及时发现变化。她希望机器人能告诉她，病人对她治疗方案的反应是积极的还是消极的。我能实现她的愿望吗？

目前还做不到。

我的好友罗杰·佩恩想要一个胶囊机器人，他想和心爱的鲸鱼一起在海中畅游。我有能力研制出这类机器人，为富有冒险精神的科学家提供帮助吗？

很遗憾，我依然做不到。

人们的要求五花八门，例子不胜枚举。我想建造的机器人种类更多，同样千奇百怪。去新加坡时，看到很多建筑物上爬满了吸收二氧化碳的绿植，我就想建造攀爬剑桥大学办公楼的机器人，它能充当人工光合器，吸收二氧化碳，释放新鲜的氧气。在海滩上，我想到了塑料污染这个重大问题。是否可以设计并派遣一批水中机器人，过滤掉海洋中的杂质？我特别想知道怎样建造牡蛎机器人。

很多项目（无论是罗杰梦想的胶囊还是进行光合作用的机器人）看似是科幻小说中的内容，其实可行性都非常高，只需不同数量的资源、人员和时间就能实现。但如果我们审视有关新型智能机器人的诸多想法，反复出现的主题或挑战就会浮出水面。以下建议乍一看可能令人生畏，但我并不认为这些困难会消磨斗志，反而将其视为令人振奋的机会，希望你也有同感。我列出了部分内容（排名不分先后），这是年轻的发明家和富有灵感的工程师的待办清单。就从机械手开始吧。

我们需要更智能、更灵敏的机械手

在实验室里，我和同事擅长移动机械手，让它靠近我们的目标抓取物，但最后一步可能很不顺利。机械臂无法始终以所需的精确度移动，* 因而机械手的最终位置可能有些小误差。机械手与抓取物发生错位，抓取就会失败。能否在不过分依赖手的控制或物体位置的情况下，开发更好的硬件和软件来管理这种不确定性？

灵敏的机械手（比如我们的回收机器人 Rocycle 的机械手，

* 手术机器人和工业机器人能以所需的精确度移动，但就商用和家用而言，它们可能太贵了。

可以区分纸张、塑料和金属）提高了机器人的整体智能水平。机器人的手指甚至无须看起来像手指，我们实验室开发的最强大的机械操纵器外观像一朵花。在硅包装材料的内部，有一个坚硬但灵活、兼容性强的折纸骨架。如果郁金香形状的夹具试图拿起一个罐子，它就会从罐子顶部向下移动，直到覆盖在盖子上，夹具上的真空装置会吸走所有空气，夹具及其内部骨架便会向盖子周围收缩。机械手无须精准地研究物体，也无须制订详细的最佳抓取计划。夹具只是下降、抓取，力传感器会确保抓取力度不会过大。我们用它抓取包括薯片和盒装牛奶在内的各种物品。它可以通过手柄抓取器具和其他物体，平放在桌子上的抹刀也不在话下。本书写作时，几家初创公司正在开发吸力夹具。亚马逊推出了新的仓库机器人 Sparrow，它的手由 6 个排列成簇的圆柱形吸力装置组成。我并不认为所有机械手都得像郁金香。Sparrow 拾放物体游刃有余，或许非常适合仓库或装配线工作，但并不适用于烘焙，因为它不擅长揽面团。这再次说明，机器人的身体只能做它力所能及的事。

在开发机械手和机器人大脑方面，我们仍有很多工作要做，但已经取得了很大的进步。据报道，亚马逊的 Sparrow 能抓取数百万形状各异的包裹。仓库工作只是一个开始。如果这些技术继续以目前的速度发展，可以想象，机器人将在许多生活领域执行各种任务。

我们需要更柔和、更安全的机器人

当然，我们不能只关注机械手，机器人作为一个整体也需要更强的兼容性。传统的机器人系统并不友好，它们笨重且危险。工业机械手是工程学的杰作，可以执行高难度任务，但它们与人类隔离，通常被关在笼子里，因为它们经过预先编程去执行一系列操作，如果有人妨碍，程序是无法改变的。

然而，能与人类合作的工业机器人逐渐进入我们的视野。一群梦想家在推动着这个趋势，包括罗德尼·布鲁克斯和机器人公司 Rethink Robotics 的创始人团队。他们的机器人 Baxter 正是为了与人类合作而设计的。工人无需任何技术或编程背景即可训练 Baxter 及其后继者 Sawyer，让它们做助手或独立执行某些任务。该公司因经济原因于 2018 年关闭，但其核心理念已经实现。他们的实践表明，人类和机器人是可以协同工作的。如今，工业和工厂环境中协作机器人的例子有很多，其理念也在向工业领域之外扩展。Diligent Robotics 公司的 Moxi 帮助护士将物资运送到病房。我的好友、南加州大学的马扎·马塔里开发了有着类似名字的 Moxie，它可以与孤独症儿童互动，帮助他们提高社交技能，还可以进行社交技能测试。

这些令人印象深刻的例子表明，未来我们需要大量有着更安全、柔性更强和更智能身体的机器人。人体有一个奇妙的感官——皮肤，当我们触碰到物体时，它会发出警报。皮肤非常敏感，我们可以根据触觉推断物体的信息。人造皮肤是一个异常活跃且复杂的研究领域，因而我无法预测机器人身上何时能覆盖密集而灵活的传感器，但人造皮肤的发展有利于我们开发出与人类安全互动的机器人，这一点毋庸置疑。

我们需要不像“机器人”的机器人

机器人舞蹈的特点是动作笨拙、不连贯，这暴露出智能机器的一个更大的问题。我们需要开发的是像自然界的生物一样敏捷的机器人。我希望更多的机器人能像舞者一样，富有节奏、优雅地舞动（比如马克·雷伯特及其波士顿动力公司团队开发的跳舞机器人），像专业厨师一样在厨房切菜，像羚羊一样奔跑。我还希望机器人能更好地理解人类。

我来详细解释一下。

为了利用机器人，你必须对其工作原理有基本的了解，你得知道如何对机器人进行编程。想象一个机器适应人类，而不是人类适应机器的世界。比如，工厂机器人看到人类费力搬运大物件，会上前提供帮助。家用机器人发现老人在做家务，会上前搭把手。让机器人变得更柔和、更顺从的工作是有益的，但我们也必须为机器开发出能力更强的大脑——能可靠地识别活动并做出推理，判断何时以及如何成为人类的益友。

同样，我们可以在机器人的行动执行方面搞一些创新。当你驾车偏离车道时，有限自动驾驶汽车可能会察觉，它会自动将汽车拉回来。汽车会以最快的速度回到正确位置，其行为像机器，而不像会平缓地驶回车道的人类。有些自动驾驶汽车在这方面运行得更流畅，这只是简单的软件调整，但确实凸显了一个更大的趋势。在类似情况下，机器人的行为与人类不同。

这种行为差异可能是有益的。在国际象棋和围棋等战略性游戏中，人工智能系统与人类棋手对决时经常出其不意，攻其不备，最终获胜。人类可以分析它们的选择，发现其新策略。但在其他情况下（比如开车时），我们更希望机器人的行为接近人类。

我的研究团队已经证明，控制器可以向人类驾驶员学习如何驾驶，增强自动驾驶汽车的大脑功能。我们还可以根据《维也纳道路交通公约》制定的道路规则为其提供推理引擎。这似乎可以让自动驾驶汽车像人类一样驾驶，但开过车的人都知道，并非所有人类司机都遵守交规。因此，我们需要机器人理解路上其他司机的行为，并做出恰当的反应。

多年前，我刚跟父亲学开车时被困在十字路口，部分原因是我无法预测其他司机的行为。我们正在开发一个系统，该系统利用被称为 SVO（社会价值取向）的数学度量确定车辆附近社区中人类驾驶员的性格。该度量由社会心理学界开发，根据自我奖励与他人奖励的比率来评估个性。有趣的是，这个量可以表示为空间（该空间由这些量所对应的轴定义）中的某个夹角，并被纳入机器人控制系统的成本函数中。在讨论机器人之前，先举个例子说明 SVO 的工作原理。它很简单，一目了然。

假设你得到 100 美元，必须在自己和某个陌生人之间进行分配。分配方案你说了算。你可以全部留下，对方一分不得，这是利己主义者的个性特征。你也可以将 100 美元全给对方，自己一分不留，这是利他行为。

从数学上讲，我们将利己主义者对应于 0 度角，将利他主义者对应于 90 度角。如果你平分这笔钱，表现出的就是亲社会行为，就是 45 度角。该角度提供了关于人类性格的大致的数学度量。

不可否认，驾驶行为比奖金分配更难度量。SVO 之所以适用，是因为我们可以通过理解司机的行为，利用基于博弈论、控制论和机器学习的多个模型的数学公式来评估其个性。通过估计司机的 SVO 角度，并将估值纳入算法，我们可以让机器人更准确地了解环境中的人，从而让其控制系统、适应人类，而不是让人类适应它。

这看起来或许太复杂，但如果我们希望汽车机器人在路上正常行驶，评估就非常重要。为什么？因为面对自私的司机，自动驾驶汽车的计划应该与面对无私的司机不同。举个例子。自动驾驶汽车开到十字路口，停了下来，准备左转。一辆由人驾驶的汽车从右侧驶来，打算左转进入自动驾驶汽车的车道。

自私的司机会加速，来个急转弯。对这种路况的明智反应是让行。

无私或有亲社会倾向的司机则会减速，留出左转的空间，也许会让自动驾驶汽车先行。在这种情况下，机器人先行很重要，否则会造成交通混乱。在第一种情况下，机器人应该等待，这样才不会有撞上冒失司机的风险；而在第二种情况下，它应该加速。

在人多的环境中，机器人要有能力做出这类判断，而且速度要快。否则，交通事故会层出不穷，优柔寡断的机器人会造成道路拥堵。我们如果能将类似人类的决策能力和行为构建到自动驾驶汽车以及所有机器人中，就可以拥有适应周围人类的智能机器，人机互动就会更安全、高效。

我们需要更好的方法来制造机器人

传统的机器人是由许多部件（例如刚性构件、致动器、传感器、微处理器）组成的复杂系统，其设计、构建和控制需要大量的人类开发工作和多学科的专业知识。换句话说，机器人是由高智商、高技能且受过高级训练的人制造的。添加设计元素会增加机器人制造和控制的复杂性。长期以来，机器人的制造过程也是按顺序进行的。先制造底盘装置，再添加机电组件、计算基板、负责低级控制的软件，最后是指导高级功能的软件。这个依次排序的过程限制了我们的创造力。

我们可以利用先进的算法和人工智能工具，以更快的速度构建新的、更有趣的机器人。我的研究团队正与麻省理工学院教授沃伊切克·马图西克的团队合作，开发计算设计和制造解决方案，共同设计机器人身体及其控制系统。在建造之前，机器人经过了多次迭代的模拟设计和测试。这种协同优化的方法很强大，因为我们对机器人的特定功能或目标了然于胸，可以同步寻找最适宜它们的身体及控制器。如果我们想设计在平坦地形上快速移动的机器人，程序可能会生成某种设计。但如果我们希望它爬楼梯或跳过沟壑，机器人的外形和移动方式可能就不一样了。我们同时设计机器人的大脑和身体（即软件和硬件），还邀请人工智能设计师参与设计。通过这种方式，我们开启了令人振奋的新的可能性。或许这听起来更像是艺术而不是科学，但这不光是关于创造力的。

我先简单说说该方法的运作方式。它将模拟引擎与表达各种可能设计的程序相结合。我们制定目标规范，然后程序会搜索最佳设计。该程序继续迭代，直到找到实现**帕累托优化**（pareto optimization）的设计，此时进一步更改无法带来更好的结果。设计经过优化、满足模拟规范之后，我们就可以构建系统了。接着，将物理机器人的性能与模拟系统进行比较。如果存在差异，我们就可以调整模拟参数，迭代计算设计方法。简言之，我们又试了一次。相比传统方法，这种基于优化的自动化方法让我们以更快的速度共同设计机器人的身体及其低级控制器。它还在一定程度上降低了创建机器人的门槛，因为设计所需的主要技能是编程，而不是机械和电气工程培训。

我们可以用这种方法来解决实际问题。举个例子，工作目标是搜索遭到破坏的核电站。我们不希望人类受到辐射影响，但没有可穿过废墟缝隙的机器人。计算设计和制造系统能让我们在模拟中寻找可能的设计，选择我们认为的最佳设计，然后快速制造机器人，让它投入工作。

我们需要更好的人造肌肉

相比我刚涉足机器人领域时，现在的人造电机或致动器要高级得多，但仍有很大的改进空间。要建造上述柔性机器人，我们需要致动器能以更平稳、连贯的方式施力，具备更强的兼容性和更大的有效载荷。柔性机器人对新型人造肌肉的需求可能更强。目前的柔性机器人用真空装置或泵来让空气或液体流动起来。我们利用真空方法和 FOAM 致动器为夹具提供动力。真空装置比泵更易融入机器人的身体，但仍需添加重要组件来产生真空压力。前面我提到，有些公司已开始使用基于吸力原理的新型机械手，它们的夹具不需要抓取计划所需的复杂计算，但有效载荷（或可抓握的物体）有限。我想拥有新的、可兼容的致动器，能应对巨大的有效载荷，而且体积较小，由电机而不是泵和真空装置驱动。此外，人造肌肉要小而薄，更接近动物肌肉，而不是在目前较笨重的基础上做些改变。这就引发了下一个目标。

我们需要更强大的电池

近年来，电池技术取得了重大进展，但我们必须开发更小巧、灵活且能量密度更高的电池。从计算机到汽车，各种笨重的大电池为许多电子设备增加了重量，它们也可能适用于较大的机器人，但本书讨论的许多比较小巧、灵活的柔性机器需要不同的电池。我的同事弗拉基米尔·布洛维奇研发的纸质太阳能电池可能会改变户外机器人的游戏规则。另一个有前景的途径是开发结构化电池，或内置于机器结构中的储能设备，而不是需要底盘支撑的独立部件。麻省理工学院的同事托马斯·帕拉西奥斯的研究也让我备受鼓舞，他将新材料融入电池中，可以显著延长电池的使用寿命。他的研究表明，如果电动汽车的续航里程可以达到 1 000 英里，那么任何机器人都不需要充电即可运行更长时间。这个目标必须实现。如果我的车可以在拥堵的路上起飞，带我去上班，它就需要更强大的电池。

我们需要更敏锐的传感器

特斯拉声称，要制造自动驾驶汽车，不需要 3D 高清激光扫描仪，仅需要视觉传感器。[1] 从理论上讲，这是说得通的。人类不使用激光扫描仪。开车时，我们用眼睛捕捉光线，处理信息，所做的决定大部分是正确的。但人类的大脑比自动驾驶汽车中的人工智能系统先进得多。我们在视觉感知方面的探索任重道远，我希望该领域能够开发出更实惠的 3D 激光扫描仪和其他强大的传感器，让机器人有能力收集更多周围环境的感官信息，帮助机器人更快地做出更好的决策。如果车用激光扫描仪或其较小版本能用于机器人的操作任务就好了，这样机械手就可以拥有目标抓取物形状的近距离图像。但它不仅仅可以充当眼睛。我想为机器人配备类似皮肤的传感器和更强大的传感器，尽可能多地捕获周围环境中有价值的信息，包括景象、声音和感觉。

我们需要更快的大脑

我所说的大脑是指物理大脑，即高级人工智能和机器学习模型运行的硬件组件。如今，最先进的模型运行于 GPU（图形处理器）平台或最初为图形而开发的计算硬件。我们如果去开发专门为人工智能和机器学习模型设计的新的处理硬件，就可以更快、更高效地完成必要的模型训练和推理。我们会根据最新的机器学习解决方案设计、创造低功耗芯片。

我们需要能够自然交流的机器人

目前，我们通过编程语言与机器人进行交互，理解编程语言需要具备计算机科学和机器人技术方面的专业知识。我们希望与机器人互动的方式更自然，所有人都能参与交流。ChatGPT 及其他强大的聊天机器人的语言模型展示了文本生成引擎的非凡能力，让人们以为这些机器智能是在交流，但它们其实并不理解互动中单词的含义。我希望看到人机之间更自然地交谈和交流，其目的不是争论、辩论或哲学探讨，而是让所有人都能直观地与机器互动，为它们分配任务。我们应该能向机器发出简单的高级指令，比如“给我一杯水”，而不必分解和解释任务的所有步骤，比如向各个关节发送多少电流，何时发送等。GPT-3这种大型语言模型可作为人与机器人的接口，但在将相关单词转换为机器人可执行的步骤方面，我们仍有大量工作要做。

需要改进的地方还有很多，比如更智能的机械手、更高级的设计和制造技术、更强大的电池和机器人身体等，但我们在每个领域都取得了巨大的进步。科幻小说作家、未来学家和某些人喜欢谈论奇点的概念，也就是说，在某个点上，技术的发展突然超越了我们所能预见的结果。从我的实验室和世界各地我同事的研究中心的情况来看，我认为革命性的变化已经在进行，但奇点尚未到来。我们手腕上戴着功能非常强大的计算机。我们的车可以安全地完成许多驾驶任务。在仓库，人们穿戴机器人，让它协助搬运沉重的包裹。在工厂，人们与智能机器一起工作。“路漫漫其修远兮”，但我们已取得了丰硕的成果。现在，我们需要为未来做好准备。

PART THREE

责任

[第三部分]

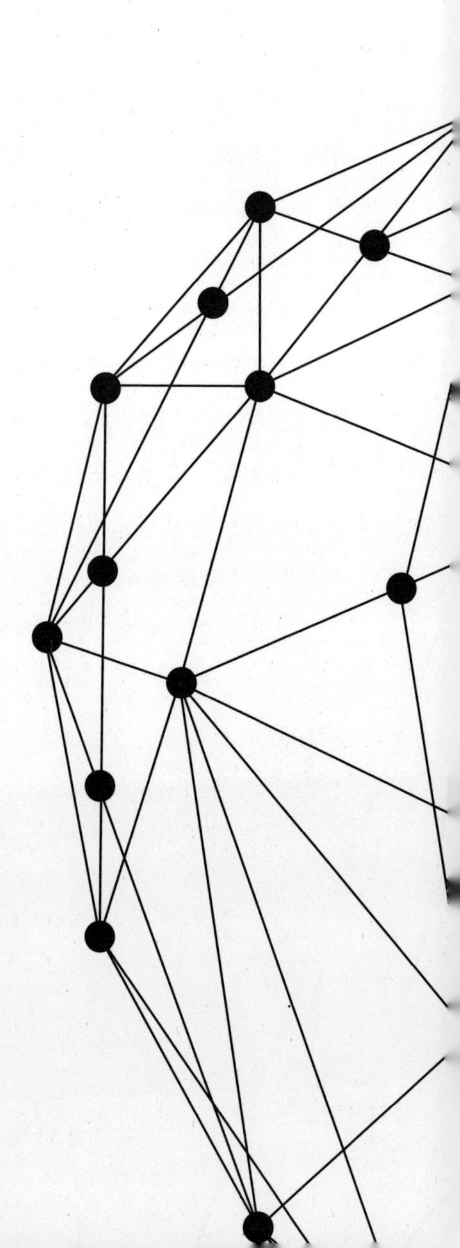

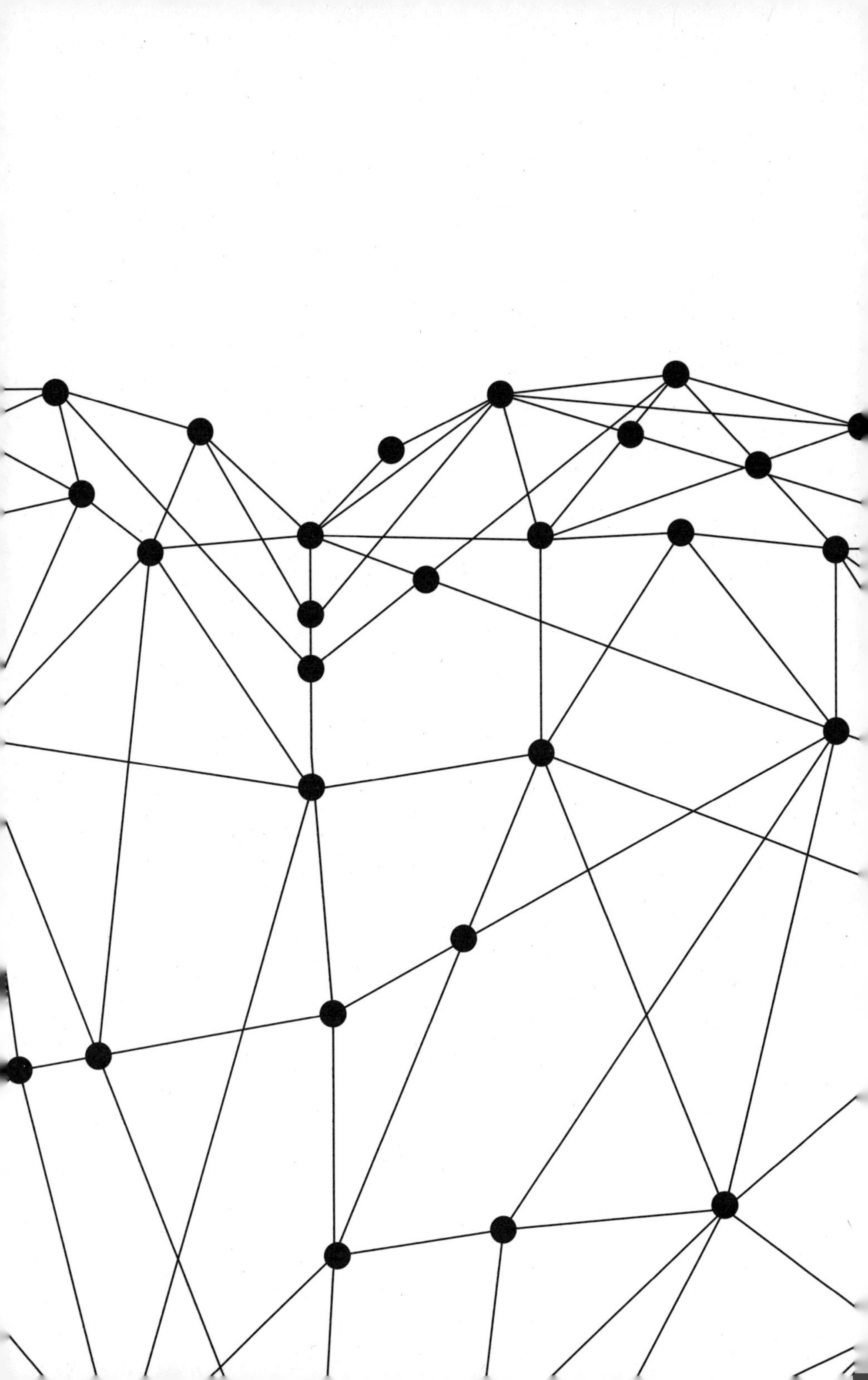

第 13 章 CHAPTER 13

机器人可以是问题本身，也可以是解决方案

新冠疫情暴发时，我认为疫苗不可能在两年内被研发出来，那是当时疫苗研发的标准周期。然而，世界卫生组织正式宣布新冠肺炎为全球性流行病后不到 9 个月，辉瑞公司生产的 Pfizer-BioNTech 疫苗就获得了批准，16 岁及以上人群均可接种。消息发布 10 天后，美国境内的接种量超过 100 万剂。[1] 疫苗的开发、测试和批准流程相继完成，最终惠及了世界各地不同收入水平的民众。

这绝对是一项了不起的科学成就，它的成功是因为获得了来自政府、业界和其他领域最高级别的支持和指导。分子生物学、医学、流行病学、公共卫生、设计、制造、供应链物流、金融等诸多领域在研发、批准以及向公众分发疫苗方面发挥了作用。公共卫生领导人、政策制定者和监管机构确保了科学观点的有效运用，以及疫苗分配的公平公正。传播和公共关系专业人士积极传播信息，极力纠正错误信息。此外，专业团队及专家的工作与知识都得到了有效协调和应用。

我提及新冠疫情并非暗示智能机器的崛起会构成全球或区域性威胁（关于这个问题，我的观点已经很清晰了，它更多地受到小说而非现实的影响），而是将这件事作为样本来引用。当然，这次亮相远没有那么完美——谣言四起，阴谋论生根发芽，政治比平时更丑陋。我们本可以做得更好，但值得肯定的是，疫苗以史无前例的速度被研发了出来，惠及的人口比例也相当惊人。疫情应对的结果表明，为实现更大的目标，我们众志成城、集思广益能取得多大的成就。机器人和智能机器的设计要获得成功，为世界各地人们的生活带来积极的影响，仅靠科学家和技术人员是无法做到的，需要学术界、工业界、政府和社会等各领域专家的共同努力。

即使我列出的技术目标都实现了，也不能确保未来一片光明。我们需要积极引导机器的发展及其对社会的影响。机器可以成为问题本身，也可以是解决方案。人工智能无法创造出伟大的小说，也无法告诉我们技术会将人类引向何方。只有人类——民众、改革家、学者、意见领袖、创作者、政府和商界领导者——才能做到这一点。人类的智慧决定我们如何使用芯片，未来几年，我们的行动和决策将决定人工智能是福是祸。好消息是，与疫情不同，我们知道潜在的问题会出现，现在就可以未雨绸缪，在政策、技术和商业的交叉领域寻找解决方案。

技术变革的速度无法预测，我提出的技术要求实现起来很可能比预想的快。2004 年，世界上最先进的自动驾驶汽车只需在空旷的沙漠道路上行驶 7 英里就能在顶级研究团队的竞赛中夺冠。15 年后，Waymo 开始为凤凰城的乘客提供自动驾驶服务。发展速度是惊人的，但并没有完全出乎意料。我们已经多次证明，机器人界和工程界联手应对挑战时，科幻小说中的愿景终将变成现实。

假设我提出的技术难题都得以解决。我们拥有了先进的机器人，世界会是什么样？

我设想了三种可能的未来。

可能性 1：沿着当前的路走下去

一种可能性是沿着当前的路继续前进，为我们无法完全理解的机器人大脑构建更高级的身体和规模更大的人工智能、机器学习模型以及解决方案。依赖模型的机器人和智能机器会越来越强大，令人叹为观止。计算机科学领域的某些学者认为这是最好的发展方式。他们认为“一切皆数据”，我们无须了解万物是如何运作的，只需要知道如何将正确的数据输入模型，生成最佳结果。

如果是这样，我们将无法真正解释学习模型的行为动机。也就是说，即便它们做出我们不认同的决定或举动，我们也无法查明错误的根源。如果这些学习模式继续占据主导地位，就有可能培养出这样一代人，他们在问题出现时要么无法对自己的工作做出解释，要么无法识别问题。我们对计算机科学基本思想的理解将会退化。出了问题我们只会采取权宜之计，而不是以长远的眼光去设计系统。

可能性 2：堆积如山的仓库

认为“一切皆数据”的同行可能是正确的，但如果事实证明那是歧途，到头来我们广泛应用的技术会有一个缺陷——出了问题，我们不知道如何解决。那是我的噩梦。好莱坞电影里机器接管世界的噩梦是，它们突然有了某种奇怪的意识，决定消灭人类。而我担心的是，我们会依赖一个自己不理解的庞大而复杂的系统；还有，到处都是堆积如山的科技设备和电子垃圾。

可能性 3：人与芯片合作

第三个可能性是本书的主题——智能机器作为更聪明的工具服务于人类。这是我从小梦想的未来。几十年来，我与世界各地的实验室和公司合作，与我并肩奋斗的是数千名才华横溢、兢兢业业的学者、同事和导师。未来的机器人是有保障的安全关键系统，其能力众所周知，它们赋予我们超能力，协助我们完成各种认知和体力任务，大幅提升全人类的生活水平，让我们的生活更加丰富多彩。

这的确是一个伟大的梦想，但它是可实现的。那么，如何实现？我已经总结了几项编程和技术要求，但我们还要整合其他力量。就像新冠疫苗的研发，或将人类送上月球的阿波罗任务一样，它的实现需要社会各界的支持。我们无法将新冠疫情的响应措施直接用于大规模的机器人开发，但可以从这一了不起的人类合作中汲取洞见和经验，为机器人的未来制订切实的计划。解决技术问题、攻克机器人身体和大脑的工程学挑战只是一个开始。

“数字孪生”（digital twin）有可能是人与芯片融合的一个变革性概念。数字孪生是模拟空间中真实世界实体的表示，并非虚拟现实世界的化身。我们通过数字孪生创建复杂系统、人、机器甚至城市的虚拟模型，这些模型近似于现实世界，可以在模拟中研究“假设”的场景。数字孪生由真实数据定义、构建并持续更新，其存在或运行的模拟空间也是如此。我们可以创建城市的数字孪生，了解未来的新建筑和公共空间对交通流的影响。研究人员利用胰腺数字孪生帮助患者进行胰岛素管理。人类心脏数字孪生的使用也在增加。模拟的飞机引擎有助于监控飞行性能。将真实引擎运行时获取的数据与其虚拟器预测的数据进行比较，如果真实引擎获取的数据与数字孪生有差异，可能说明出了问题。[2] 数字孪生的概念在各行各业扎根。我们有可能构建逼真的人类数字孪生，对此我特别感兴趣。如今，智能手表可以追踪我们的运动和心率，提供大致的健康检测。如果我们能收集更多健康数据，构建和维护自己的数字模型，让它时刻帮助我们做出更明智的选择，会怎样？如果我工作的时间过长，数字孪生可能会提出建议，让我与朋友见面。紧张的一天结束后，它可能会在回家路上推荐令人振奋的歌曲，甚至直接播放这首歌。它或许还会提醒我该锻炼了，或在开会时提醒我多喝水。

当然，个人数字孪生技术的风险是上传了大量个人信息，因此我需要非常强大的隐私保护和保障。它的广泛应用或普及需要社会各界的努力，确保其使用是安全有益的。我们应该以这种方式思考所有技术。我们需要社会科学领域以及政策和传播专家的参与，塑造技术对人们的影响方式。在考虑使用更多智能机器时，我们必须做好防护，建立道德原则，确保它们造福人类。具体情况因行业而异，但我们可以就一个矩阵达成共识，该矩阵规定了人类希望未来机器人系统拥有的特点。

在我的设想中，机器人和人工智能系统应具备以下 11 个特点。

(1) 安全

这或许是最简单、最显而易见的要求。无论我们设计的是远程无人机、智能手术助理，还是提高网球正手击球水平的可穿戴机器人运动衫，都要确保操作者和周围人的安全。建造更柔和、更顺从的机器人肯定有好处，更多机器人将走出工业牢笼，进入世界。但总的来说，安全第一，我们必须在设计时确保系统是无害的。

(2) 放心

我们如果开始使用智能系统，上传和共享更多的个人信息

（像数字孪生的例子那样），就必须通过强大的安全控制来确保个人信息的私密性。未经同意和批准，不得共享个人信息——我的柔性机器人运动衫获取的网球挥杆数据也不应该共享！我们要确保这些技术能抵御黑客的攻击，采用先进的加密方法以及强大的安全措施与策略加以保护。

(3) 辅助性

有关人工智能、机器学习和机器人技术的关键或重要决策应该由人类做出。这些系统并不完美，它们可以提出建议，但不能作为判断依据。人与芯片协同工作时，人类合作者或操作者应该始终掌握最终决策权。

(4) 体现因果关系

体现因果关系是略带技术性的要求，但很重要。因果关系是行为与后果之间的联系。在机器人技术和机器学习中，因果系统是可以解释内部和外部干预的系统。系统识别其输出变化是否由某些干预措施造成，并关联因果关系，做出调整。基于相关模式识别的机器学习不足以做出稳健的预测和可靠的决策。在生活的许多领域，相关性并不意味着因果关系，在机器学习中也一样。比如，你喝了一杯水，感到头痛，并不意味着喝水引发了疼痛。基于因果推理原则而非纯相关性的机器学习新方法，会提高解决方案的性能及其可推广性。我们的液态网络解决方案体现了因果关系。德国计算机科学家伯恩哈德·舍尔科普夫为机器学习中因果关系的发展做出了重大贡献，他的主要成就是将因果推理与统计学习技术相结合，从数据中推断因果关系。[3]我们需要更多可证明因果关系的解决方案，让机器人理解所分配的任务，以可靠且可预测的方式执行任务。

（5）可泛化性

机器人总会遇到未经训练的情况，我们要更好地了解系统应对陌生状况的方式。我们需要对不确定性进行推理的模型。我的学生和合作者正在推进这方面的工作，开发能在不确定或极端环境中学习的自主代理。总的来说，我认为较小的模型可以发挥作用。我们已经证明，液态网络可以将一种环境（夏季森林）中的训练转移到截然不同的环境（冬季森林或城市环境）中，不需要额外训练。我们还证明，无人机经过训练可以搜索特定物体，比如固定的红色椅子，我们还能泛化训练过的模型，让它跟踪移动的红色背包。我们可以看到机器人大脑内部的动态。说回自动驾驶汽车，它如果在模拟中突然偏离道路，可以通过回溯了解程序哪里出了问题，然后修复故障，降低未来发生类似情况的可能性。

（6）可解释性

如今流行的人工智能和深度学习模型通常庞大且耗能，其运作方式让我们无从了解它们做出特定决策、产生特定结果的原因。这不仅仅是规模的问题。它们利用大数据进行自我训练，通过人工输入，学习如何在大多数情况下产生良好的结果。然而，当模型生成我们不满意的结果时，很难回溯模型内部的步骤。参数和层数太多。没有简单、可靠的事后检验算法确定问题所在，因为这些系统的大脑是黑箱。决策是由数十万个神经元做出的，它们之间有数百万个连接来运行计算过程。对机器人等安全关键系统来说，无法理解模型的决策是不利因素。如果汽车机器人选择做危险的事，我们希望能明确原因，纠正模型，消除它将来重蹈覆辙的可能性。

如果人工智能引擎提出建议，拒绝给我贷款，那它应该告诉我拒绝的理由，而且理由应当有效。举个例子，如果它根据我的医学影像得出结论，我可能患有某种疾病，那么我和我的医生应该能查明系统为何会得出这一结论。如果我们允许计算机协助法官为某个罪犯量刑，人工智能的推理应该清晰合理。要成为公民社会中的运转机器，模型必须具备可解释性，否则，人际关系中逐渐根除的偏见就可能进入机器的决策。此外，如果无法解释系统产生结果的原因，就无法断言它接下来会做什么。我们可以期待它正确行事，给出概率，但无法保证概率的正确性。如果不了解决策过程的复杂性，要估计出概率都很难。

(7) 公平性

最近的研究表明，深度机器学习系统容易受到普遍存在的算法偏差的影响，在训练数据代表性不强的情况下尤为如此。这是一个重大问题，因为深度学习模型越来越多地应用于社会各个领域，已成为许多安全关键应用的核心，包括自动驾驶汽车、金融市场预测、医疗诊断和药物发现渠道等。算法的长期使用不仅取决于它们在训练过程中的性能，还取决于其通用性、安全性和公平性，应用范围和数量不断增加时更是如此。

许多研究团队在研究纠正偏差的方法，我和我的学生亚历山大·阿米尼也在攻克这个难题。我们开发了去偏算法，它可以自动评估数据集里与任务相关的显著特征的偏差。我们已证明，我们的解决方案可以自动揭示数据潜在结构中隐藏的算法偏差，提出了一种新颖的模型去偏方法，以减少不良影响。通过检查模型的不确定性及其与训练数据的关系，我们还证明，识别空间中缺失的数据并提出扩充数据的建议是有可能的。去偏方法能确定数据集里哪些数据项的代表性过高，哪些数据项代表性不足。我们可以利用这些信息提高数据质量和表现，构建平衡、公平、公正的模型。

(8) 经济

在考虑新技术的成本时，我们很容易根据手机的发展状况忽略对价格的考量。最初，只有富豪才能使用手机。在1987年的电影《华尔街》中，贪婪的交易员戈登·盖柯用一部砖头大小的手机通话，其售价超过1万美元。如今，不到100美元就能买到更先进的设备。手机是一个独特的案例，但很有启发性。作为工程师、投资人、创新者和政策制定者，我们应该尽量确保人们能买得起我所描述的机器人和人工智能系统。我在上一章中提到，改变机器人的设计和制造方式可能是朝这个方向迈出的一步，因为我们可以关注较便宜的材料和组件，围绕它们制定设计标准。接受新的经济模式或许是明智之举，比如越来越流行的“机器人即服务”（robots-as-a-service）方法——无须出售厨房或仓库机器人，只是以较低的价格出租机器人。随着时间的推移，机器人的租用和使用越来越频繁，最终会达到一个临界点，制造成本、企业或个人的购买成本开始下降。我是工程师，不是经济学家，无法预测这个目标多久才能实现，但我们必须尽我们所能，确保机器人不仅仅是富豪的玩具。

（9）经过认证

没有任何监管机构来认证我们在机器人领域的工作。我们需要测试、评估、认证，也许还需要像美国食品药品监督管理局这样的监管机构来评估智能机器的安全性和有效性，在上市之前对其特定用途予以批准。挑战在于，如何在应用安全的使用流程和鼓励创新之间取得适当的平衡。我们不应扼杀创新，它是进步的基础。如果执行恰当，监管机构、监督机构和认证将促进而不是扼杀创造力。

（10）可持续性

当今的人工智能和机器学习模型建立在几十年前的思想和方法之上。在大多数情况下，它们的能力惊人，因为相比以前的程序，它们的数据更多，算力更强。但我们并没有真正改变其内在设计或基本设计。我们将其发展得规模更大、速度更快，为它们提供了更多数据。遗憾的是，运行如此庞大的模型会产生不良后果。我们无法理解它们如何做出预测，还需要大量数据来训练它们。此外，解决方案的优劣取决于它们的训练数据。如果数据存在偏差，解决方案的性能就也同样存在偏差。计算是有成本的，处理器的运行也需要电力。如果电力来自传统的使用化石燃料的发电厂，可能会对环境造成严重的破坏。马萨诸塞大学阿默斯特分校计算机科学家 2019 年的一项研究表明，训练一个普通的深度学习模型消耗的电力足以向大气中释放 626 000 磅二氧化碳，相当于 5 辆汽车使用寿命期内所有的排放量。[4]

我们可以采取控制措施，鼓励开发商和用户仅从可再生能源中获取能量。如今许多数据中心利用可再生能源为云提供能量。但我们也要设计更高效的模型，它们也许像我在第 11 章中描述的液态网络，也许不像。如果能以同样的创新思维开发可持续的机器学习解决方案，为深度神经网络设计应用程序，我们就应该能设计出可持续性更强、更紧凑的模型。

(11) 有影响力

本书讨论的许多应用程序都是可行的，少数颇为离奇，或纯属异想天开。然而，应用程序的开发不必局限于最初的设想。我们可以将机器人和人工智能的突破性进展用于其他高产且无害的领域。我并不认为短期内全自动驾驶汽车会普及，但我们可以利用在自动驾驶汽车方面学到的所有知识解决较简单的问题。例如，2020年新冠疫情暴发之初，我和同事设计了一个移动机器人，在大波士顿食品银行巡逻和消毒。这个平台实际上是自动驾驶汽车的迷你版，我们相信它可以安全运行，因为仓库是静态、低复杂性的环境。我们知道，机器人在夜间工作，与不可预见的智能体的互动很少，消毒时无须快速移动。基本上，我们将构建某种机器人的全部知识用于新型机器的快速开发和调用，解决了一个截然不同但真实紧迫的问题。同样的原理和经验可用于制造自动驾驶轮椅、港口的自动搬运车等。

我们可以进一步扩大解决问题的思维范围，超越想象，创造性地思考正在开发的机器人和人工智能解决方案如何应用于其他领域，重新调整其用途，为更多人带来福祉。我和我的同行好友正在研发的机器人会让世界变得更美好。我们认为，机器的使用应造福人类，为人类带来更大的利益。但我知道，这种观点并不普遍，不是所有人都愿意制造惠及普罗大众的机器人。我们绝不能忽视这种可能性，也不能忽视让这项技术的发展误入歧途的其他可能性。

我们必须深入思考可能出现的问题。

第 14 章

CHAPTER 14

机器人的风险与容错机制

2015 年，安全研究员查理・米勒和克里斯・瓦拉塞克侵入了一辆切诺基吉普车。这辆车是米勒的，它不是自动驾驶汽车，但与所有现代汽车一样，配备了电子元件和计算机，能够连接到外网。两人坐在米勒的客厅里，远程发现了车辆音响系统中的网络安全漏洞。他们利用这个入口点连接并访问了车内的另一个芯片，从而可以向吉普车的控制器局域网（CAN）系统发送消息。

他们发现，他们可以在汽车行驶时控制其制动和转向。如果有人在开车，他们可以远程让吉普车驶离高速公路，或者在行进中让它急刹车。找到侵入途径的那一刻他们就知道，这个漏洞涉及的远不止米勒的切诺基。米勒后来写道："从很多方面来说，这是你能想象到的最糟糕的情况。坐在我的客厅里就可以侵入美国 140 万辆汽车中的任意一辆。"[1]

明确说一下，米勒和瓦拉塞克并没有因其发现做坏事。他们是白帽黑客，也就是发现网络安全漏洞的专家，帮助制造商和供应商修复缺陷并提高防御能力。此外，能远程渗透汽车控制装置的不只是他们。几年后，在一场年度竞赛中，某团队通过信息娱乐系统成功侵入了特斯拉 Model 3。特斯拉很快修复了缺陷，没有人能再次利用这一弱点，但两次侵入及其他类似的故事揭示了一个现象：随着更先进的汽车和半自动驾驶汽车以及各种机器人的普及，一些风险也会出现。计算机遭受的网络攻击，机器人也容易遭受，甚至会遭受得更多，因为它们在物理世界中活动。在传统网络安全中，不存在完美的或万无一失的解决方案，计算机或网络没有坚不可摧的安全边界，同样的规则也适用于机器人内部的计算机。

然而，我们不应将这些风险完全视为消极因素。例如，保护自动驾驶汽车和其他自主机器人免受黑客攻击的需求可能会创造大量就业机会。2019 年，网络安全成为价值 1 500 亿美元的全球产业，主要涵盖静态或移动计算机和网络计算机。越来越多的计算机被赋予与世界互动的能力（也就是说，我们将它们变成了机器人），需要更多专业人员和人才辈出的公司来开发和维护这些系统的安全方法。如此看来，机器人不会抢走我们的工作，反而会创造新的工作。

危险或负面后果的隐患不仅来自黑客和其他恶意攻击者。2022 年，一则消息引发了网络热议——机器人在国际象棋人机对决中弄伤了一名男孩的手指。这个机器人的大脑针对国际象棋进行了优化，但其主体是为工业拾放操作而设计的固定的机械臂。为避免事故的发生，我们通常将这种机器人放在笼子里，因为其设计目的并非感知或响应环境中的人或其他未知物体。据报道，参赛者被告知，轮到机器人走棋时，手不要靠近棋盘，但男孩一定是忘记了，他迫不及待地想出招。机器人要走子时，男孩伸手拿了一颗棋子，机器人抓住了男孩的手指。显然，孩子并没有错，但我不想将责任全部归咎于机器人，真正的罪魁祸首是让功能有限的拾放机器人与孩子密切互动的人。

越来越多的机器人走出实验室，走向世界，我们通过什么方式来预测类似的情况？我们可以采取什么行动尽量减少负面后果？幸运的是，我们是有选择的。

几年前，我曾与机器人领域的一位创始人交流过。这位先驱说，在机器人技术的早期阶段，大型项目启动时通常不会考虑可能出现的问题。工作重点是让机器执行新任务，展示新功能。看到机器展现出新能力，就像看到孩子迈出第一步一样令人兴奋。这完全可以理解，因为 20 世纪 70 年代甚至 80 年代，机器的能力非常有限。现在情况发生了变化。机器人在客厅地板上活动，在火星红色的沙土上漫游，在手术室与外科医生并肩工作。它们更智能、更快、更强、更有能力，因此我们要更努力地工作，想象所有可能出现的危险、风险和问题，在大型项目或机器人及其能力开发项目的整个生命周期中持续关注这些隐患。

假设我们将范围限制在改善医院交通的自动轮椅和轮床上，但即便如此，出现负面后果的可能性还是很大。恶意攻击者可能会侵入并控制机器人。不知情的人可能会在机器人能力不足甚至是危险的场景和环境中使用它们，就像下棋机器人的例子一样。机器人可能存在较简单的机械装置与控制缺陷。硬件可能会损坏；电缆可能会磨损或断裂；受过不良数据训练的软件可能会做出有偏见的决定，甚至犯简单的错误。是的，机器人会犯错！机器会精准地执行程序，但如果程序有缺陷，或遇到某种未被编程的情况，存在感知错误，或控制系统有很小的误差，机器就会表现出我们认为的错误举动。

当然，人类也会犯错，但我们会容忍机器人犯错吗？我们可能想说，如果自动驾驶汽车像人类一样优秀，或者错误率像人类一样低，那它就是安全的。问题是机器犯的错与人类不同。特斯拉自动驾驶汽车造成的首例死亡事件，原因是感知系统混淆了远处的白云和白色卡车。即使特斯拉已经将艾萨克·阿西莫夫机器人三定律中的第一条（即机器人不得伤害人类）改编并编码到汽车中，也无法保证悲剧不会发生。机器人的大脑犯了一个错，那是人类永远都不会犯的错。另一方面，特斯拉永远不会在开车时睡着，永远不会在开车前去酒吧贪杯，也不会在发短信时将注意力从路上转移开。

将更多智能机器人带入世界需要平衡、揭示和识别人机差异，确定我们对机器人错误和缺陷的容忍度。就像我在上一章中建议的那样，可能还要将机器人的测试、评估、认证和审核正式化。最后，必须确保人类在设计机器人的决策模块时发挥积极的作用，这样，当机器犯错或执行我们不喜欢的操作时，我们就可以用人类的语言解释其逻辑。换句话说，我们需要确保芯片有心。

比方说，机器人发现自己处于有挑战性的情境中，例如，经典的电车难题，要决定是否通过牺牲一个人来拯救更多人，这涉及一系列伦理和心理困境。[2*] 这个问题体现了自动驾驶汽车在世界上自主运行时可能要做出的道德决策。当我谈到自动驾驶时，很多人都会提到电车难题，以及它给自动驾驶汽车带来的考验。如果汽车机器人面临两种选择，左转碾轧一群老人，或者右转，可能撞死一名儿童，它该怎么办？

显然，哪个决定都不好。我一直认为，机器人如果有强大的感知和控制能力，就不需要选择，因为它会提前感知到老人和儿童，并且有能力停下来。然而，我们需要知道，我们可以预见、解释和理解机器人在安全关键场景中的行为。我们需要考虑人与芯片协同工作，确保前者以可预测的方式决定后者的行为。因此，我们可能会考虑制定道德准则来影响自动驾驶汽车的决策，甚至将这一道德准则传达给所有车辆用户。这样，机器人就不会“像机器人一样”做决定，而会表现得更像有深度思考能力的伦理学家和在其人工大脑中编写推理模块的人类。

作为一名机器人设计者，在我所开发的技术中，杀人永远不会是一种选择。我知道，这回避了电车问题的核心哲学辩论，

---

* 电车难题最早的版本是这样的：一辆失控的电车从轨道上驶来。前面有 5 个人。电车径直朝他们驶来。你就在调度中心，旁边是控制杆。拉动控制杆，电车会切换到另一条轨道。但另一条轨道上有 1 个人。你有两个选择：（1）什么都不做，让电车杀死主轨道上的 5 个人；（2）拉动控制杆，将电车切换到另一条轨道，导致 1 人死亡。哪个选择更合乎道德？更简单的问题是：正确的做法是什么？

但设想一下未来——自动驾驶汽车会联网，与其他车辆通信，甚至与建筑物上的传感器通信，以增强其态势感知能力。这种“车与车”或“车与基础设施”的通信技术能让自动驾驶汽车看到周围的角落，汽车机器人会提前知道孩子从拐角处冲向十字路口，并在孩子到达前安全地停下来，不必选择向左或向右转向。

总会有一些问题、危险和错误是我们无法预见的，因而无法提前计划和防范，但我们仍需尽最大努力，富有创造性地通盘考虑所有可能出错的问题。每次我们开发机器人技术时，都应该花时间全面了解其影响，包括潜在的危险和滥用、可能涉及的道德困境，以及需要采取哪些措施来建立监管和法律框架，确保技术使用的安全、高效和公平。

如何做到这一点？首先，我们需要多元化的想法和意见。2015 年，麻省理工学院在启动自动驾驶汽车项目时召集了 100 多名思想领袖，举办了一场彻底的头脑风暴研讨会，重点讨论我们设想的汽车可能被用来实施的所有伤害。因为担心助纣为虐，我不会详细说明细节，但它是机器人项目的重要组成部分。我们必须考虑道德、责任、监管约束等。政策明确了技术应遵守的商业和社会契约，只有在配套政策的支持下，技术才能成功地融入社会。

项目的头脑风暴会议卓有成效，但此类讨论不应仅限于学术界。我们应该聆听来自社会和世界各领域的声音和思想，包括以下人士。

技术专家：他们了解基础科学和工程学，了解机器人当前的能力和未来的潜力；

安全专家：他们了解网络安全的最佳做法和方法，以及如何将其应用于机器人技术；

白帽子：他们拥有黑客技能和创造力，能发现可能存在的漏洞；

政策制定者：他们能想象地方政府、州政府、联邦政府及机构如何看待构想中的新技术；

犯罪学家或心理学家：他们受过训练且经验丰富，可以想到恶意者如何利用机器人为非作歹；

科幻小说作家、电影制片人、艺术家和其他创意人士：他们的预测富有想象力，能够想象出各种不同的未来，以及技术可能对世界产生的影响；

伦理学家：他们能引导和塑造智能机器及其制造者的行动和决策；

经济学家：他们拥有技能和知识，能预测哪些措施可确保技术长期惠及普罗大众，而不仅仅是富人；

投资者：他们愿意提供反馈信息，说明项目开发能否筹集并维持足够的资金，或者如何在早期阶段做到这一点。机器人项目的成本可能很高。有前途的机器人项目会因资金不足陷入停滞，这类案例我看得太多了。

这份清单并不完整，但它体现了我们要考虑的一系列观点，确保未来的机器为尽可能多的人带来福祉。我们还可以考虑律师、保险专家和其他人的意见。我并不认为会议会因此变成目标模糊的空谈。头脑风暴这种创造性自由思维必不可少，但未雨绸缪的会议不能只有这一个要素。我们要努力实现特定的结果或行动计划——即使这意味着某个项目因存在太多不确定性或风险，必须被否决或搁置。我们可以借用上一章结尾的框架，要求所有重要的机器人、机器学习和人工智能新项目满足以下大部分（如果不是全部）标准：

安全

放心

辅助性

体现因果关系

可泛化

可解释

公平

经济

经过认证

可持续

有影响力

头脑风暴小组可以做出决定，或制订计划确保达到所有相关标准，但由什么机构来监管，如何监管？要获得驾照，你必须通过各种测试。美国的汽车制造商必须确保其车辆达到国家公路交通安全管理局的要求。制药公司在向公众销售产品之前，必须向美国食品药品监督管理局的独立专家组证明新药的安全性和有效性。也许我们需要一个类似的机构来监控机器人和人工智能。我不希望监管措施阻碍或抑制创新，而是希望建立一个标准化的测评程序，证明机器人或人工智能满足上述要求。这一举措可能成为强大的积极力量，更好地塑造机器人的未来，确保人类利益的最大化。

即使制定了流程和标准，我们仍需要警惕不良行为者。

我在书中多次提到虚构人物托尼·史塔克，他利用技术将自己变成超级英雄钢铁侠。这个角色对我的启发很大，但我经常提醒自己，在故事中，他最初的职业是经麻省理工学院培训的武器制造商和弹药开发商。在2008年的电影《钢铁侠》中，因为得知恐怖分子在利用其公司的专用武器，他转行了。

请记住，机器人是工具，本质上没有好坏之分，重要的是我们选择如何使用这个工具。2022年，俄乌冲突双方都使用无人机作为武器。任何人都可以购买无人机，但不同国家的无人机使用规定各不相同。美国联邦航空管理局要求所有无人机都必须注册，只有少数例外，比如重量不足250克的玩具模型。管理方式还取决于无人机飞行是为了娱乐还是出于商业目的。无论法规如何，任何人都可以利用飞行机器人伤人，就像任何人都可以挥动锤子伤人，而不是用它将钉子钉入木板。但我们还可以使用无人机向难以到达的地区运送关键的医疗用品、跟踪森林的健康状况、帮助罗杰·佩恩这类科学家监测和保护高危物种。早在2012年，我的团队就与现代舞蹈团 Pilobolus 合作，上演了第一场以人类和无人机为主角的戏剧表演，无人机的名字叫“六翼天使”。[3]无人机也可以成为舞者。在金·斯坦利·罗宾逊富有先见之明的科幻小说《未来部》（*The Ministry for the Future*）中，一群无人机被用于撞毁一架客机。我可以想象，它们也有很多积极的用途。在战争中，一方想掌控和影响有关冲突的叙述，因而限制公民获得公正的新闻和信息，入侵的真实故事就会被掩盖。我想知道，是否可以发送一群飞行视频屏幕，在人气较高的城市广场中央排列成巨大的空中监视器，播放战争的真实画面，而不只是政府批准的剪辑镜头。更简单的做法是：一群飞行数字投影仪在建筑物和墙壁的侧面播放视频，让所有人都能看到。如果我们安排的飞行器足够多，就无法被全部关闭。

托尼·史塔克的经历塑造了这个角色，他的行为受到引导，致力于对世界产生积极影响的善举，但我们不能等待所有技术人员忍受改变生活的痛苦经历，也不能期待所有人从善良的目的出发利用研发成功、进入市场的智能机器。这并不意味着我们应该停止技术研究，因为智能机器潜在的益处非常大。我们能做的是更审慎地思考各种后果，制定防范措施，确保它产生积极的作用。我们不一定能控制智能机器的使用方式，但可以做更多的事情来影响其制造者。

我所在的大学或世界各地同行的实验室中，可能会出现像托尼·史塔克一样才华横溢的年轻人，我们要全力确保他们对人类产生积极的影响。大学实验室和研究中心的成员必须多元化，但在塑造年轻同事方面，我们任重道远。例如，我们可能需要研究曼哈顿计划，以及与制造和使用原子弹相关的道德和伦理困境。机器人或人工智能高级学位并没有关于伦理课程的普遍要求，但也许应该有这种要求。或者，为什么不像宣誓希波克拉底誓言一样，要求毕业生宣誓遵守机器人和人工智能开发的伦理准则？

希波克拉底誓言出自早期的希腊医学课本，可能是哲学家希波克拉底所写，也可能不是，它经历了几个世纪的演变。从根本上讲，它是医生应遵守的医疗道德标准。其中最著名的承诺是不伤害病人，或避免有意的不道德行为。它还强调对医学界的承诺以及维持师生间神圣纽带的必要性，这一点我很认同。机器人界的联系越紧密，学生毕业后师生关系的培养和维系就越容易，我们就能做更多的事情引导技术走向光明的未来。如今，希波克拉底誓言不再是医生认证的普遍要求，成为机器人专家也不需要宣誓。我并非第一个提出宣誓建议的机器人专家或人工智能领导者，但我们应该认真考虑，是否将宣誓作为认证标准。[4]

原子弹研制成功后，科学家造成伤害的可能性凸显出来，人们对科研人员是否有必要宣誓希波克拉底誓言进行了探讨。这个想法会时不时地提出来，但很少获得关注。科学从根本上讲是对知识的追求，从这个意义上说，它是纯粹的。在机器人和人工智能领域，我们正在构建对世界、对人类和其他生命形式产生影响的事物。在某种程度上，该领域与医学相似，因为医生是利用训练得来的知识直接影响病人的生活。要求技术人员背诵机器人领域的“希波克拉底誓言”可能是推动该领域朝正确方向发展的一种方式，也许可以作为一种方法，阻止那些出于邪恶目的开发机器人或人工智能的个人。

当然，机器人使用方式的好坏取决于你的立场。我坚决反对赋予武装机器人或武器化机器人自主权。我们不能也不应该信任机器智能，让它独立做出是否对个人或群体造成伤害的决定。我希望机器人永远不会被用来伤害任何人，但现在看来，这是不现实的。机器人会被用作战争工具，我们有责任尽一切努力让它的使用合乎道德。我不会脱离现实，幻想快乐的、对人类有益的机器人在理想化的宇宙中运作。我给美国国家安全部门的官员讲授人工智能课程，让他们了解该技术的优势、劣势和能力。我将这视为一种爱国举动。我帮助领导者了解机器人和其他人工智能增强的物理系统的局限、优势和可能性，即它们能做什么、不能做什么，应该做什么、不该做什么，以及我认为它们必须做的事。这份工作让我感到很荣幸。

关于技术的局限性、人工智能的道德规范或强大工具的开发风险，无论我们讲授了多少，宣传了多少，人们都会做出自己的选择（他们或许是刚毕业的学生，或许是国家安全部门的高管）。我的心之所愿以及向人们传授的理念是，我们应该选择用它们做好事。尽管有公司致力于延长人类的寿命，但我们的生命是有限的。科学家卡尔·萨根将地球称为“暗淡蓝点”，我们应充分利用有生之年，对美丽的地球、地球上的芸芸众生以及其他物种产生积极的影响。我们的星球上生长着奇妙的生物，它们爬行、行走、游动、奔跑、滑行和翱翔。几十年来，我一直为建造更智能、更有能力的机器人而努力，这让我钦佩，不，准确地说是我惊叹于生物（包括植物）的能力。它们是珍贵的宇宙创造物，我们不应该开发毁灭它们的机器人，而应该开发保护甚至促进其蓬勃发展的技术。这适用于所有生命体，包括特别关注智能机器崛起的物种——人类。

第 15 章　CHAPTER 15

机器人改变的工作格局

人们担心机器人取代人类劳动力，这种强烈的恐惧与工厂和车间的实际情况不完全相符。我的同事、麻省理工学院的政治学家苏珊·伯杰分享了一个故事，反映了这种差异。苏珊和她的研究生花了数年时间参观世界各地的工厂，采访经理和工人，研究工厂采用的技术和租赁趋势。20 世纪 10 年代，公众认为机器人即将接管工厂。苏珊的研究发现，工厂里机器人的数量远远低于当时的预测。事实上，他们走访的大多数制造公司根本没有使用机器人。但苏珊提到了一台设备，它展示了人与芯片合作的巨大潜力。

这家德国制造工厂*依靠一个仿真机器人工作。它体型巨大，强壮有力，部分身体覆盖着一层绿色塑料，工人们给它起了个绰号，叫“绿巨人”。苏珊站在机器前，看着它与人类同事一起工作。它能举起一个刚制造好的 60 磅重的工具，并在人类

---

* 出于保密原因，该设备不能公开。

工人进行检查时转动工具。获得人类的许可后，机器人将工具放入箱子，以便包装和运输。机器人进入工厂生产线之前，这个沉重工具的搬运、转动、检查和包装工作由两名工人承担。现在，繁重的体力活儿交给了机器人，工人的工作是运用人类的知识、经验、推理和决策能力。多出的劳动力并没有失业，而是转到了另一个岗位上。

原来的工作在别的方面也得以完善。仿真机器人上岗后，公司改变了运送待检工具的生产线。以前的生产线以固定的速度移动，在预定的间隔时间内停止，这样工人可以喝杯咖啡或上卫生间。但新的人机合作提高了工作效率，公司将流程的部分控制权还给了工人。工人可根据自己的意愿加快工作速度，给自己留出更长的休息时间，还可以在一天中变换工作节奏，在某些时段快马加鞭，在其他时段慢条斯理。当然，生产目标必须完成，但工人在实现目标的方式上拥有了更多的控制权，重新获得了部分自主权。这项工作因使用了机器人变得不那么刻板了。

越来越多的证据表明，机器人会产生积极的影响，但很多人仍担心它们会对人类劳动力构成威胁。皮尤研究中心 2018 年的一份报告发现，发达经济体中 65% 到 91% 的人认为，机器人和计算机将取代目前由人类从事的工作。[1] 只有不到 1/3 的人认为，薪水更高的新工作会取代旧工作。然而，现实却描绘了一幅不同的景象。2022 年，美国劳工统计局发布了一份报告，分析了各种令人担忧的预测，并未发现人工智能加速失业的证据。[2]别说人工智能了，苏珊及其研究团队参观的许多企业仍严重依赖20世纪40年代和50年代购买的机器。这些工厂并非社会经济成功的典范，它们雇用了较多低技能、低工资的工人，员工的流动率很高。这是意料之中的事，毕竟薪酬不是特别高。研究人员指出，如果许多书和文章（包括2017年世界经济论坛的一份重要报告）中的预测和预言是正确的，那么机器人的能力应该非常强。而事实上，我们很难看到高级的智能机器。

苏珊及其研究团队参观了机器人增强型工厂，对其自动化程度感到震惊。除了这家拥有绿巨人仿真机器人的工厂，他们还参观了一家拥有105台工业机器人的汽车供应商。机器并没有抢走人们的工作，相反，公司员工的数量增加了一倍多。其他研究也报告了类似的观察结果。2022年，法兰西学院菲利普·阿根亚领导的经济学家小组报告称，平均而言，自动化增加了公司的招聘人数。[3]更多的机器人带来了更多而非更少的就业机会。由经济学家足立大辅领导的一项长期研究发现，1978年至2017年间，在日本制造企业中，每千名工人增加一台机器人，就能让就业人数平均增加2.2%。[4]

然而，自动化与劳动力之间这种直接关系并不适用于所有情况。法国、美国、加拿大、德国和荷兰的某些研究得出了相反的结果。有时，多使用机器人会刺激招聘，有时则会削减劳动力。[5]自动化的影响取决于工作类型。研究人员预测，所谓的“中等技能”工人受到的冲击最大；他们的工作是可被编码和自动化的日常任务，例如行政支持、生产和维修，甚至某些销售工作。在这些岗位上，机器学习执行任务的能力越来越强。但经济学家尚未看到机器人抢夺人类工作的现象——中等技能的工作并没有消失。[6]

机器与就业的故事仍在继续，机器智能将极大地改变我们的工作方式，在许多情况下，还会改变我们的谋生方式。当然，工作变更经历了几个世纪，区别仅仅在于引发变动的技术不同。1800 年，10 个美国人中有 9 个是农民。到 2000 年，农民仅占全美人口的 2%。[7] 这并不意味着 98% 的人失业了，而是劳动力转行了，通常转移到了全新的行业。汽车取代马匹成为主要交通工具后，与马相关的岗位数量减少了，但社会对汽车制造修理以及道路（后来是高速公路）设计和建造人员的需求激增，急需一批新的专家和劳动力。相比破坏的就业机会，“四轮机械马”创造的就业机会更多。

在回顾工作的历史时，我们发现技术并不能使工作自动化。技术使任务自动化。学界内外的研究多次支持了这一观点。[8] 人们在不同的工作类别中执行不同的任务，比如专业知识应用、人员管理、数据处理、与同事和股东沟通、进行可预测和不可预测的体力劳动。目前的技术解决方案最适合自动化数据任务和可预测的体力工作任务。有时我会到工厂参观，观察其运作情况，然后向公司提供建议，说明哪些流程可以交给机器人系统。有一次，我看到一个工人在分拣传送带上的零件，他一边工作一边与我聊天。他很有魅力，对自己的工作感到自豪，但他做的是重复、单调的工作，更适合机器来做。我不想让他失业，但希望他从事能够发挥人类才能的工作。

随着时间的流逝，这类工作可能会消失，但新的工种会被创造出来。相比想象未来的新生事物，大肆宣扬消失的事物要容易得多。过去几十年里，计算、太阳能和信息技术是众多蓬勃发展的新兴行业中的三个行业。技术变革的步伐不断加快，新产业和新工作可能会在更短的时间内出现。麻省理工学院经济学家的一项分析发现，2018 年 63% 的工作岗位在 1940 年是不存在的。[9] 很多孩子将来可能从事的是尚未发明的工作。在过去的几个世纪，农耕让位于工厂工作，而工厂工作又让位于蓬勃发展的服务业和办公室工作，这些工作对体力（如果不是精神）的要求较低。

麦肯锡全球研究所研究了 1980 年至 2015 年间计算机技术对劳动力的影响，发现计算机技术导致 350 万个工作岗位消失。秘书、打字员、簿记员等职场人士发现自己失业了。然而计算机创造了 1 900 万个新就业机会。[10] Z 世代的年轻人出生时，手机、相机、电脑和电视是 4 种独立的设备。在这些孩子步入青少年阶段之前，这 4 种设备已经融合为一部可以握在手中的智能手机。智能手机催生了社交媒体的发展。大约 10 年前，计算机与手机的连接似乎是不可能的事。突然间，大量互连的计算机通过网络在全球范围内通信，创建出庞大的云计算新产业。如果你关注 20 世纪 90 年代末互联网创业热潮的革命性言论，你可能会认为我们已经达到了奇点。但事实证明，我们才刚刚开始。那时的梦想中甚至没有社交媒体和云计算*，很快，这些技术就创造了各种意想不到的新工作，包括应用程序开发人员、数据可视化工程师、网络红人、云计算工程师等。其中一些工作需要技术专业知识，但社交媒体经理不需要写代码。

对机器人和岗位的担忧并不完全涉及未来的工作，因为我们并不是在问工作是否有未来。多年来，我一直是麻省理工学院未来工作专责小组的成员。这是一个多学科研究小组，研究与未来工作相关的问题，形成可能影响政策的见解和想法。[11] 小组的名称带来的启发是，我们应该少关注工作的未来，多关注**未来的工作**，因为工作一直在演变，未来还会继续演变。随着机器人和人工智能的不断发展，工作也许会发生翻天覆地的变化。

新工作会是什么样子？机器人可以填补劳动力市场的特定缺口，增强人们的能力。新冠疫情引发的全球供应链中断提供了两个例子。到2022年秋季，主要港口的集装箱卸货仍比计划晚了几天。家具和其他消费品的交付延迟了几个月。拜登政府试图缓解运力不足的问题，但官员发现卡车司机、码头工人或仓库员工短缺，无法完成这项工作。[12] 所谓的“大辞职”不仅仅是无聊的知识工作者选择退出。人们纷纷离开习以为常的肮脏、危险和枯燥的工作，不会再回来了。

机器人专家不会在人手不足的装运港安排智能仿真机器人。

* 社交媒体、云计算和第一代苹果手机是2007年推出的关键技术。

从技术上讲，机器代替人类是不可能的，也不是机器人专家想要的。我们不应该担心机器人让工作自动化，而应该考虑如何在更大的业务中实现任务自动化，以提高效率和质量。如果没有足够的司机在港口运输集装箱，我们可以安排自动驾驶 aPM 来增加劳动力。将集装箱从港口某处转移到另一处的工作没人做，我们就将其自动化，提升吞吐量，这样一来，港口生产力就会趋于正常。

卡车司机短缺怎么办？如果集装箱内的货物计划沿着供应链网络从某处转移到另一处，我们可以利用初创公司 Locomation 首创的组合运输技术解决司机短缺的问题。无论公司是否成功，其核心理念是先进的。在它的设计中，人类控制并驾驶领头卡车，第二辆自动驾驶汽车跟随其后，保持安全距离，模仿领头司机的动作。这样一来，每个司机的货运能力翻了一番，机器人卡车也没抢走其他人的工作。它完成的是一项由于劳动力短缺而搁置的任务。

新的机器智能和机器人技术正在改变工作格局，这些变化可能具有巨大的破坏性。世界经济论坛的一份报告显示，2020 年至 2025 年间，算法和智能机器在工作场所发挥的作用越来越重要，全球 26 个经济体可能会有 8 500 万个工作岗位被取代，同时 9 700 万个新岗位横空出世。[13] 人机分工的依据是二者的优势和劣势。机器擅长在大数据集里快速处理和发现模式，移动的精确性比人高，力量也比人大。由于数据量非常大，机器学习引擎可以生成人类难以发现的洞见。这些技术在数字处理、记忆和预测方面都优于人类，但机器无法像人类一样推理、交流或理解世界。它们的知识不够渊博，缺乏随机应变的能力，这恰恰是人类的优势，而且这些优势将继续保持下去。我们可以理解机器的模式以及它们做出的预测。

人们担心机器人会夺走工作，主要源自两个误解。首先，电影中充斥着对机器人神奇能力的想象，媒体进行过度宣传，人们相信公司对机器人前景的夸夸其谈和预测。其次，我们将人与芯片视为对立而非互补的力量。我们错误地将机器人视为竞争对手，而不是将它们视为队友，视为一种提高人类的生产力和能力的工具。事实是，无论现在还是未来，在许多事情上人类的能力都远远超过机器人。我们不应该思考某项工作由人还是机器来做，而应该考虑人类和机器人合作完成某项工作。与机器人合作，工作和生活的许多方面都能得以完善和增强。未来应该由人与芯片共同塑造，二者的优劣势可以互补。举个例子，艾伦研究所的科学家正在使用机器学习区分医生看不见的人眼特征。[14] 通过这些特征，医生可以确定细胞是否健康。这些工具能帮助科学家监测癌症进程中的细胞变化，还能监测患者对不同治疗方案的反应。在医生和科学家无法自行辨别的大数据集里，机器可以发现现象并识别模式。但机器没有同理心，无法向患者提供治疗建议，也无法根据多种因素做出复杂的决定，这些因素很难用机器可读的数据来表达。同样，它们无法复制人类的推理、交互或沟通。

人类特有的技能在工作中变得越来越有价值。2018 年世界经济论坛发布的《未来就业报告》称，未来5年有望增长的工作包括客户服务、培训与发展、人类与文化以及组织发展等，因为这些岗位需要独特的人类技能。[15]人与芯片合作的趋势在接二连三的研究中不断出现。咨询公司埃森哲对1500家公司进行了调查，了解人工智能系统的使用情况，发现最成功的组织是那些利用人机协作的组织。这些公司的领导者通过人工智能提高员工的能力，最大限度地提高产量。[16]

改变的不是人类的需求，而是我们谋生的方式。例如，生产线上的传感器可以获得温度、压力、速度、振动和其他变量的实时反馈。数据被输入到产品的虚拟模型或数字孪生中，制造商就能监控机器的性能和状况，发现磨损、故障或问题迹象，查明产品或零件的异常或缺陷，全面优化产品质量和生产流程。生产过程在变化，产品也在变化。新的计算设计和制造技术有可能创造出针对特定产品而优化的全新的分子和材料。总部位于马萨诸塞州剑桥市的Kebotix公司正在利用机器学习和机器人技术发明环保的高性能材料。[17]制造和材料科学等领域的技术进步将创造出新的工作，因为公司必须雇用员工，才能充分利用这些工具和发明。如今，设备维护主管需要掌握工程技能。技术人员需要接受分析方面的培训，在机器损坏之前使用数字孪生并优化程序。公司将需要更多的机器人工程师、计算机视觉科学家、深度学习科学家和机器学习系统工程师。[18]工厂自动化程度的提高带来的效率和劳动力收益有助于振兴美国的制造业。麦肯锡全球研究院估计，2025年美国制造业增加值为5 300亿美元，新增 240 万个就业岗位。[19]

其中的一个挑战是转行不易。新工作所需的技能可能需要大量培训。技术导致劳动力的重大重组并非首次，但与过去不同的是，数字技术正在引发劳动力市场的两极分化。随着更多机器人和人工智能解决方案的使用，我们可能需要重新思考劳动力系统。专家认为，我们如果不这么做，可能会让拥有“中等技能”的人失去工作机会，只在顶层留下一些高薪工作，在底层留下大量不受欢迎的低薪工作。[20] 同样，对一个国家有利的事情可能会对另一个国家不利，而人工智能的负面影响在发展中国家可能更明显。经济学家杰弗里·萨克斯指出：“发达国家可能会将从发展中国家进口的商品自动化。结果可能是发达国家的收入增加，而发展中国家的贫困加剧。”[21]

那么，如何确保机器智能带来的变化产生积极的影响？这取决于政府、企业和教育机构的决定。想到这里，我们应该挑战自己，思考两个重大问题。

（1）如何采用和部署新技术，使其惠及尽可能多的人？机器人和人工智能不仅可以帮助我们建造更高效的工厂，创建自动化标准业务流程，它们还有很多潜力尚未开发。机器应该能帮助所有人找到更好的工作，充分利用人类的独特优势。我们需要找到方法，帮助人们利用这些益处自我提升。人工智能全球合作伙伴组织是七国集团广泛讨论后创建的一个国际组织，截至本书写作之时，该组织已有 29 名成员。[22] 它下属的一个工作小组正在开发工具，帮助没有内部人工智能资源的中小企业在其工作流程中采用人工智能技术。我们应该想办法应用这种策略，确保中小企业的员工也能受益。

（2）为平稳过渡到由机器实现或增强的未来，现在可以采取什么行动？要回答这个问题，必须与大学专家、技术专家、商界领袖和政策制定者合作。必须有人领导这项工作，还要有人出资。雇主需要技术工人完成新工作，大学的使命是教育，而政府要为人民的福祉负责。我们需要考虑雇主、大学与政府之间的角色和合作。

1982 年我来到美国。如今，我实现了人们所说的美国梦。我们需要找到方法，确保所有人都有可能在机器人增强型工作场所实现梦想。我们需要继续吸引世界上最优秀的人才，共同努力构建梦想，建设支持创新的社会，发展企业家精神，实践精英管理和终身学习，让人们受益于技术带来的繁荣。机器人和机器智能支持的技术有可能成为工具，帮助我们建设更美好的世界。

东北大学与盖洛普合作进行的一项研究表明，关于人工智能对生活的影响，美国人基本上持乐观态度。但他们担心人工智能对就业的冲击。在帮助人们做好未来的工作准备方面，我们还有很多工作要做。我认为，找到人类利用机器人和机器智能的优势提高生产力的方法，是推进工作的最佳途径。人机协作需要更智能的机器，还需要会用机器的人。我常想起在仓库传送带上分拣货物的那个工人。我不希望他失业，但他所做的工作适合机器人来做。我希望看到像绿巨人的例子一样，他能重新掌控自己的工作节奏，或者管理多个机器人，检查和控制机器的工作，做出更高级的决策。这样，他就可以利用自己与生俱来的人类天赋，而不是被迫像柔性机器人一样重复劳动。为了实现这种改变，我们需要对教育进行大量投资。

第 16 章 CHAPTER 16

计算思维

斐济共和国有 300 多座岛屿，是世界上最美的地方之一。为开发机器人的水下能力，我的团队在那儿开展了许多研究项目。2005 年以来，我一直参与外岛学校的数字扫盲工作。我的每次研究之旅都会安排外出活动，为当地学校捐赠笔记本电脑和相机，并志愿参与教学活动。2017 年，我带来了一套蜜蜂机器人。

这些可编程机器人跟孩子的拳头差不多大，配有可充电电池、轮子和非常简单、直观的编程界面。用户可依次按下 4 个方向的箭头，点击“开始”按钮，观察蜜蜂机器人执行指定的步骤。孩子可以按两次向前的按钮，然后按左箭头，再按向前的箭头，最后按右箭头。机器人会向前滚动，左转，再次向前小幅移动，然后右转。这个有趣的小玩具能教授基本的编程技能，孩子们可以看到自己的操作和想法转化为现实世界中的行动。

斐济的孩子被我带来的蜜蜂机器人迷住了，他们忙着为可爱的机器编程，甚至都顾不上休息。这种情况发生过很多次。几十年来，我一直在学校做外展服务。机器人吸引了孩子的注意力。看着机器按自己编写的程序做事是一种掌控感十足的体验。蜜蜂机器人特别有趣，因为学生必须学会像机器人一样看待世界。起初，他们会从自己的视角观察机器人及其周围环境（比如从桌子上方俯视），输入的命令并不总能让机器人按其意愿行事。然而，当他们开始像蜜蜂机器人一样思考，将自己想象成这台机器时，编程工作就会顺利得多。

我们将蜜蜂机器人赠送给斐济的学校，其实创造了一个更大的机会。为了完成任务，计算机科学家和机器人专家是如何对机器编程的？更宽泛地说，我们如何解决难题？在计算思维教育方面我们还有很多工作要做。学校教导学生要像数学家、科学家、作家、社会科学家和历史学家一样思考。如今，计算设备在生活中越来越普遍，用途也越来越广，为什么不让学生了解计算设备设计与编程的思维过程呢？

在某种程度上，计算思维教育为学生提供了创造性思考的机会，促使他们开发出新的编程方法，让机器人和机器执行新功能，同时向他们展示了一种全新的思维方式。许多成年人也能从中受益。在学习机器编程时，计算机科学家开发了一些非常有效的方法来解决看似无解的问题，这些技术可以应用于很多学科、专业，甚至日常活动，我们称之为“计算思维”。2006年，计算机科学家珍妮特·温在《美国计算机学会通讯》上发表了一篇论文，详细介绍了将计算思维作为教学工具的许多潜在益处。“计算思维”的概念获得的关注越来越多，但普及速度却比较慢。如今，有关计算机科学概念的大部分教育工作仍限于教年轻人编写代码。麻省理工学院媒体实验室开发的适用于儿童的 Scratch 编程语言，以及麻省理工学院计算机科学与人工智能实验室的哈尔·阿贝尔森开发的应用程序 Inventor 在这方面取得了巨大成功。仅 2019 年，就有 2 000 万人创建了 Scratch 项目。他们的工作让更多的孩子接触到编程。

这当然令人欣慰，但计算机科学不只是写代码。计算教育传授的是解决复杂问题的方法，比如怎样建造自动驾驶汽车或吸尘机器人。机器智能之所以能实现曾经异想天开的事，是因为人类在项目中倾注了热情和心血，以及强大的推理能力。在 2006 年的一篇文章中，珍妮特·温写道：“计算机枯燥乏味，人类聪慧且富有想象力。是人类让计算机具备了超能力。”

换句话说，是人类为芯片赋能。

教孩子编程可以激发他们的创造力，培养其解决问题的能力，但计算思维教的是如何思考看似不可能完成的复杂任务。在机器人技术中，我们攻坚克难的方法是将任务简化为一系列子问题，然后继续简化，直到找到可解决的最小问题。从某种意义上说，我们可以准确地告诉机器如何执行所有小任务。具体做法是，寻找并识别抽象过程，它能整合所有小型解决方案，将许多小任务组合在一起，从而解决最初那个较大的问题。当然，还有其他方法，但对我来说，计算思维由以下 4 个相关步骤组成。

分解：将问题分解为可解决的子任务。

模块化：将系统分成独立的模块或组件，每个模块都有特定而明确的功能。这些模块通常可以独立运行，但也可以作为更大系统的一部分协同运作。

抽象：剔除细节，概括与任务相关的属性。

组合：将两个或多个子问题组合在一起。

这就是以计算思维解决难题的方式。我们将较大的问题分解为较简单的问题；寻找模式，或者寻找与曾经解决的问题相似的地方（即可以再次使用的算法）；对解决方案进行抽象或概括，以便再次应用。同时，我们总是尽可能高效、简单地完成工作。物理学家和数学家在推导方程时力求优雅——爱因斯坦提出的著名方程 $e=mc^2$ 因简单而迷人。在计算机科学中，最巧妙的解决方案无法以如此简洁的方式表达（或许是因为我们缺乏爱因斯坦的能力），但我们也有同样的追求。

计算思维是一种自上而下解决问题的方法，可应用于许多生活领域，甚至应用于创造性的工作。起初，我对科普书的写作心怀畏惧。这本书要记录我数十年的工作，以及对机器人、人工智能和未来的思考，似乎是不可能完成的任务。后来，我着手思考主要信息，将想法组织成更大的主题，然后将其划分为不同的章节，简要列出每章中包含（和不包含）的材料，排列各章的内容，确定可以将章节内不同部分关联起来的模式和主题，写作就变成一件可以完成的事了。从那以后，我一次只写一小节，同时在抽象层面考虑整体方案，思考写作内容是否与更大的主题相关。

将计算思维应用到成人生活的各个领域（包括写书、创办新公司，甚至家装等）有着巨大的价值，但我特别希望孩子在幼年时就接受这种思维教育。国际教育技术协会、谷歌和其他机构启动了计算思维推广计划，但我希望“百尺竿头，更进一步”。我们也应该如此，因为能在其他领域应用计算思维的人拥有更多的工作机会，那些工作前途无量。

自珍妮特·温首次在《美国计算机学会通讯》上倡导计算思维教育以来，她论文中的某些预测已经成为现实。现在许多科学领域都有计算子学科，出现了计算生物学家、计算化学家、计算物理学家。这些专家像计算机科学家一样解决各自领域的难题，在此过程中取得了惊人的成就。计算生物学家使用机器学习引擎 AlphaFold，预测出决定人体许多生物过程的蛋白质 3D 结构，为新药开发以及深入了解生命运作发现更多机会。AlphaFold 发布之前，我们了解的蛋白质结构只有几万个，现在数据库里有 2 亿个蛋白质结构。[1]这一成功在很大程度上要归功于机器学习和人工智能，但倘若研究人员没有应用计算思维来设计并尝试解决蛋白质折叠问题，产生结果的程序就不会起任何作用。他们在“芯”上倾注了心血。

计算思维教育的必然结果是计算制造的兴起，这是有望重塑小型制造业的新兴领域。在达特茅斯学院创建第一个实验室时，我几乎将所有启动资金都投在了第一台 3D 打印机上。那是 1995 年，3D 打印机还是稀世珍宝。在那之前，机器人专家只能使用电子及机器人供应商提供的零部件，否则就得到机械车间找工具自己制造零件。我们一直在用预置的零件设计机器人。现在，我们可以在没有机械加工证书的情况下制造自己设计的小零件。无论什么零件都可以通过编程和打印来创造。我们可以用定制零件制造各种类型的机器人，在一定程度上拥有了设计自由和创造力，这在以前是不可能做到的。

这台3D打印机确定了我的职业生涯，让我有机会即刻利用机器人身体发挥创造力，表达自己的想法。很快，我们就打印出不同的形状和颜色。别人的机器人都是灰色或黑色的，我们的机器人是红色、黄色和蓝色的。我们为机器人技术带来了前所未有的设计元素、奇思妙想和美感。这台新机器赋予我们自由，让我们将艺术和工程完美融合。我们不仅是工程师，还是创造者，这一切都是在机器的帮助下完成的，虽然它在今天的年轻人眼里似乎是个老古董。

如今，3D打印机在学校甚至家庭中都很常见，成本降低了不止99%。它可以接收适合其参数范围的所有虚拟设计，并打印物理部件。我希望打印机更像是艺术家的工具，为孩子提供创造的经验和机会。先进的3D打印机可以用金属、塑料甚至有机材料进行打印。我们可以使用计算机控制的车床、喷水切割机、激光切割机等。计算制造技术令人难以置信，如果你了解这些工具的工作原理，知道如何像计算机科学家一样思考，懂得如何使用机器人专家或制造商的工具，你就拥有无限的创造可能性。我们如果能开发出编码工具，实现定制机器人的设计自动化与简化，同时开发出物理工具，实现制造的自动化，就会更接近一个全新的世界，在这个世界中，人们能制造自己的定制产品，甚至定制机器人帮助自己完成体力活儿。这是一种创造性的超能力，因为我们能想象出新的机器人和小工具，将梦想变成现实。孩子可以凭借无限的想象力创造出令人惊奇、意想不到的东西。我相信，如果我年轻时拥有这类工具，我会制造出几十台新奇的机器。我们当然需要控制、保护和限制，确保计算制造不被用来生产有害产品，教育工作同样任重道远。为了实现这一愿景，我们要向所有孩子教授计算思维和计算制造。

然而，制造的乐趣不必由年轻人独享。如今的制造业已形成一个网络，由分布在世界各地固定地点的大型工厂组成。每家工厂生产特定的商品，厂里的机器是为生产预定产品而设计的。零件在甲地生产，乙地组装，然后运往分销商、零售商那里，最后送到消费者手中。底层供应链非常复杂。有了新的计算制造工具，我们可以将业务转移到离消费者较近的工厂，它们规模较小，功能更全面。这些设备可以提供在本地打印、加工、组装的模版产品和组件，也可以让人们自由创造全新的物品和产品。人们可以在社区内按需制造零件，或者设计新的机器人，这些机器人在数小时或数天内就能抓取物品，人们不必为了收到来自地球另一端的产品再等上两个月。

并非所有产品都可以通过打印制造，但只要我们有评估机器的方法，确保它能有效运作，就能比较轻松地制造定制的服装或鞋子、玩具、家具，甚至基础版的机器人。在我的想象中，有一个24小时不打烊的制造中心或计算制造中心，人们可以在其中创造自己的梦想之物，而且不会产生目前的制造方法带来的废物和碳足迹。设备的背后是一群具有专业技能、接受过机械培训的专家。人们可以通过虚拟界面探索和生成自己的设计，既可以自己原创，也可以在模板基础之上完成设计。我们可以创建能打印零件的开放数据库，外加一套组合规则，构建一个虚拟设计空间，让用户探索可能的设计，并在模拟中进行评估。设计完成后，就可以请制造中心的专家对参数进行微调，确保成功出品。(同时确保新的设计物不是武器。）产品可能是生活必需品，比如家电的损坏部件，也可能是更奇特的物品。在一个场景中，我们想象某个家庭设计了一个简单的玩具机器人，可以在主人出门时陪猫咪玩耍。在互联网上，猫站在Roomba扫地机器人上的视频数不胜数，为什么不送给你的宠物一个专为玩耍而设计的有腿机器人呢？

无论本地制造中心的愿景能否实现，未来几年，智能机器都将在生活中发挥更大的作用。作为消费者和设计师，对材料、编程和制造方法了解得越多，就会拥有越多的创造力、自由和力量。那么，如何培养这方面的知识、理解力和技能？身为教师和教育家，我一直认为，所有公立学校都应同时进行数字教育与核心课程教育，还要解决棘手的资源鸿沟问题。最富裕的学区拥有新的计算机，举办夏季编码训练营，而几英里之外的学区则缺乏数字教育的基础资源。众所周知，多元化有利于创新，但我们并未投资教育资源，让所有学生都有机会在未来找到高质量的高薪工作。这一现状必须改变。每所中学都要有计算机科学老师，还要有配备智能机器的先进的机械车间。在思考新世界所需的技能时，重要的是明确 21 世纪“有文化”的标准是什么，并将计算思维和计算制造纳入这一标准之中。

在考虑投资未来劳动力的同时，还要认真对待在职员工的再培训。这要求我们转变教育观点。通过提升学位获得专业知识和技能还不够。我崇尚终身学习和持续教育，这让我不断进步，成为一名专业人士。我如果还在做博士期间的项目，早就被淘汰出局了。我认为各行各业的职场人士都要与时俱进。在瞬息万变的世界中，我们在中学或大学学到的知识不足以支持职业生涯的长期发展。技术改变世界的速度非常快，令人猝不及防。我们必须接受终身学习和持续教育，这并不是说每隔 10 年就要重返大学读 4 年书。在美国，超过 1 200 所社区大学以合理的学费为约 600 万学生提供培训。这些学校应该与雇主合作，根据市场需求设计以培养技能为主的课程。[2] 我们需要更多学以致用的微课程，它们得到了当前或未来雇主的认可和支持，学习者可以通过远程教育的形式，自主支配时间来学习。公司也要在内部推动此类项目。亚马逊 2025 年的技能提升计划就是一个例子，该计划耗资 7 亿美元，为 10 万名美国员工提供免费培训。[3] 2022 年，亚马逊称 1 400 名员工参加了为期 12 周的免费机电一体化和机器人技术培训，最终员工的时薪涨了 40%。他们学习了新技能，同时收入也随之增加了。

其他公司、技术领导者和机构也不甘落后。谷歌在员工再培训项目上已投入 10 亿美元，科技企业家史蒂夫·沃兹尼亚克宣布推出自己的在线科技教育平台。一些创意组织采取的措施令人鼓舞。例如，肯塔基州一家名为 BitSource 的小公司对失业的煤矿工人进行再培训，帮他们转型为程序员和网络技术开发人员。大学免费提供大型开放式网络课程（MOOC），免费提供在线学习材料。麻省理工学院和哈佛大学创建了 EdX.org，这是一个在线学习平台，提供来自世界各地的大学和组织的免费课程。我的好友彼得·科克是澳大利亚的工程师，他创办了“机器人学院”，为所有机器人技术学习者免费提供在线课程。有越来越多的素材和资源可供我们利用，收费课程的价格也是合理的。[4]

对大部分劳动力进行再培训需要大量投资，其规模大于对几代人的教育投资。我相信这项投资物有所值，但它确实是一个全新的领域。我们对成年人如何学习（尤其是与技术交互时如何学习）的理解仍然不足。我们要力求再培训计划卓有成效，关注哪些学习方式有效，哪些无效，用它来指导未来的投资。终身学习计划的具体方案是什么？如何构建，如何付费？大学和公司应扮演什么角色？这些都是悬而未决但至关重要的问题。

虽然我认为提高计算思维和计算制造能力非常重要，但并不建议以牺牲其他学科的教育为代价。关注人文、科学和工程领域的其他学科，以及诸如沟通、协作和批判性思维方面的学习是非常重要的，因为我们对世界及其运作方式了解得越多，就越清楚自己能为世界做出什么贡献。涉猎的领域越广，连接的知识点隔得越远，释放的创造潜力就越大。我坚信，我们需要发展批判性思维，即分析能力、联系实际并构建信息的能力，考虑信息来源是否有可能受特定动机或偏见的影响，考虑新信息在多大程度上与多年来获得的知识和认识相符。我们要教学生如何提出问题、收集数据、分析结果和结论，如何思考替代方案，以及如何沟通。

我们如果不提出问题，最终就会陷入回音室效应。

缺乏理解和批判性思维的匮乏可能是当今社会分裂的根源，这就要说回心与芯的合作。如果我们在孩子年幼时就对其进行计算思维教育，教他们通过计算机编程来解决问题、做出决定，他们在高中及日后的学习中就能掌握更高级的知识和工具。对他们来说，智能机器并不神奇，只是经过人工编程的设备。

接受过计算思维教育，懂得如何学以致用的年轻人有很多机会做出改变。我们将为更多人提供数字教育，让所有人做好准备，迎接新的 IT（信息技术）经济。更多的人开始为增强人类能力的智能机器构思和设计新的应用程序。年轻人具备了这种基本认识后，我们就可以将关注点转向高等教育。本科生不能陷入只掌握基础知识的困境，要有能力研究计算科学的应用，应对多年前约翰·霍普克罗夫特与我谈起的挑战，比如跨学科的计算，思考如何使计算成为一种更强大、更有力的工具，而不只是关注编程水平。随着智能机器和程序在更多领域发挥越来越大的作用，我们需要更多人拥有高瞻远瞩的能力，思考其工作原理、不足之处以及改进措施，让它们为更多人带来福祉。

如今，你可以将自己的所思所想写在纸上。想象未来的世界，所有喜欢哈利·波特、梦想拥有超能力的孩子都可以创造自己的魔法。计算思维和计算制造的科学进展，以及该领域更为普及的教育可以赋予所有人超能力。每个人都可以利用自己的天赋、创造力和解决问题的能力设计机器来拯救他人和改善生活，执行困难的任务，去往遥不可及的地方，为我们提供娱乐，与我们进行交流，等等。未来，随着计算思维和计算制造的门槛进一步降低，我们将拥有无限可能。但我希望我们不仅会出于娱乐和经济目的而使用新技术，还会关注更大的挑战，解决人类这一物种面临的最严峻的问题。

第 17 章 CHAPTER 17

机器人的投资机遇

1820 年，法国国王路易十八创建了法国医学科学院，这是一个处理公共健康问题的专家团队。两个世纪后，该组织的数百名现任成员依然每周开会，讨论与健康相关的科学和医学进展。新冠疫情暴发之前，团队成员伯纳德·诺德林格博士邀请我向团队介绍人工智能在医学中的作用，从那时起，我与他们进行了多次远程交流，话题涉及人工智能的优势和局限、在保护患者隐私权的同时安全共享数据的必要性，以及如何利用技术造福人类健康等。与来自法国和其他欧洲国家的专家探讨这些话题真是令人着迷。虽然大家提出的解决方案和路径都很好，但我发现，在某种程度上，学院的做法（定期召集顶尖专家讨论人类健康等普遍而重要的问题）带来的启发最多。

机器人的能力越来越强，其潜在的应用范围也会扩大。机器人不会接管世界，也不会拯救世界。但我认为，我们要付出更多努力，思考如何利用机器人和人工智能解决我们所面临的重大挑战。我们先来探讨学院会议的主题——人类健康。

人类健康

通过与机器人和人工智能系统合作，医生可以提高疾病诊断、监测和治疗的能力。最近，麻省理工学院的同事里贾纳·巴尔齐来及其合作者开发了一种新型抗生素 Halicin，他们的工作向人们展示了如何利用机器学习研制新药，同时提供了一个机会，让人们重新看待药品研发。以前，抗生素和其他药品研发的服务群体是某种疾病患者中的多数。比如，我们为男性和女性提供相同的药物，但男女在身体结构、激素水平等方面的差异很大。这还只是性别差异！人们的基因特征和生活环境各不相同。未来，医生可能会利用机器学习分析你的基因组，将其与你的疾病进行匹配，合成适合你身体的药物。我们可以创造一种独一无二的药物或合剂，它完全符合你的特定需求和特征。

药物只是人工智能应用于医学领域的起点。我认为，我们完全可以大幅减少开刀手术的数量。切口本身并不是问题。外科医生会以高超的技术完成手术，缝合切口。然而，相比无创手术，切口无疑会增加术后感染的风险。正如我们所讨论的，将来可能会利用可消化的微型外科医生机器人进行手术。我设想的迷你外科医生是胶囊状的微型机器人，以微创或无创的方式进入体内，也许可以像药丸一样被吞进肚子里。我们不会只将它们送入患者体内，而会让机器人和医生合作，人类外科医生始终可以控制机器人在人体内的行进状态。如此一来，医生无须做大手术就可以探究患者的发病部位。但在某些情况下，做大手术仍有必要，否则外科医生就会通过遥控解决问题，不必开刀了。我们可以将“外科医生机器人”视为在人类的引导下无线遥控的手术刀。

目前，特别富裕的国家或富人享有治疗特权，我希望我们可以利用机器人和人工智能让治疗变得更加平等，开发出性价比更高的疗法。在第7章中，我列举了质子治疗的例子，以及使用座椅机器人使患者与质子束对齐的想法，这样就无须使用昂贵的龙门架。我们与马萨诸塞州总医院的医生合作，在实验室演示了部分关键组件。由机器人实现的固定束质子治疗只是一次合作中产生的一个想法，我希望更多的研究人员和年轻人研究类似的昂贵疗法和手术，开发出利用人工智能和（或）机器人技术的创新方法，降低医疗成本，让更多患者受益。

食品安全

鉴于人口增长的趋势，未来几十年里，开发可升级、易使用的方法保证食品安全将变得越来越重要。1950年，世界人口约为20亿。联合国称，到2050年，地球上的人口数量可能会增长到97亿。[1]人口增长带来了大量潜在的问题和挑战。气候变化改变了农业中心地带的降雨量和气候模式，生产足够的食物并以可持续、环保的方式提供给需要的人将是一项重大挑战。

我们先来看配送问题。我们可以利用软件在本地生产商和附近的消费者之间建立联系，自动安排和协调送货。小型电动送货机器人可以低空飞行，运送新鲜农产品，不会干扰到商用飞机。或许可以借鉴 Zipline 的方法，用降落伞投放包装严实的包裹。这会带来更多的定制交付，减少对远距离农作物的依赖。机器人的另一个用途是确保食物不被浪费。机器人可以跟踪库存情况，分析哪些食物过剩，哪些食物不足。杂货店常常会扔掉过期的农产品和食品，有了更好的管理工具和本地交付功能，我们就可以在商品到期前对其进行重新分配，更好地利用它们。

我们也需要以可持续的方式生产食品。在第 7 章中，我探讨了人工智能和机器人原理对农业技术的影响。无人机可以自主发现杂草和入侵物种，在害虫造成大面积损害之前提醒农民采取行动。过量的氮通过径流流入小溪、河流，最终流入大海，而精准施肥将可以减少氮排放。人们已经在利用机器人移动温室里的盆栽植物，让植物充分利用光照。机器人也可以提高农场的生产力。农业技术型初创公司 Small Robot Company 开发了一款名为“汤姆”的轻型自主机器人，它可以在田地里行驶，精确扫描植物和杂草。“汤姆”将数据转发给集中式人工智能，该人工智能会提取数十亿个数据点，并跟踪地块上的每株植物，提醒农民需要注意的区域。公司的目标是实现下一阶段的自动化，派出能够靶向除草或照料植物的机器人。

到了收割时间，我们可以派出远程操作的机器人，避免因劳动力短缺导致西红柿和草莓等的采摘延误。我们可以专门开发为收割而设计的机器人，让员工专注于创造性更强的园艺工作，在更舒适的远距离空间监督机器人作业，而不是以低薪让人们完成繁重的工作。我在第 2 章讨论过从事体力劳动的土耳其机器人，它们会使雇佣人数减少，但那是针对低工资、低技能、高流动性的岗位，我们会将其应用到工资和技能要求更高的岗位。与不受欢迎的工作相关的任务会被淘汰，新的工作将取而代之。

我们还可以将粮食生产从大规模的农业中心转移到人口最多的地方——城市。城市中没有容纳传统农场的空间，但我们可以在移动机器人的体内开拓垂直农场。这些小型农场机器人可以在建筑外运行，也可以安置于屋顶，随时变换位置以充分利用光照。不可否认，这是我想象的比较古怪的城市。

我们来思考一下，先进的世界是如何供电的。

能源与电力

在讨论发电方式之前，应该明确一点：个人、家庭、组织和公司必须尽最大努力节能降耗。在机器人领域，我们要建造节能机器人，掌握节能技术，开发赋予机器推理能力的低能耗人工智能系统和机器学习模型。理想情况下，努力的方向应该是让机器帮我们解决能源问题。太阳能是一种廉价的发电方式，光伏电池板可以将阳光转化为电能，但它产生最佳效果的前提是朝向正确，未被灰尘、污垢或植被遮挡。我们可以将其变为机器人，这样就可以追踪太阳，优化能量收集。我们还可以让自主机器人清洁电池板，确保它们是干净的。大型太阳能发电厂的杂草可能会长得很高，挡住照射到电池板上的阳光。初创公司 Swap Robotics 改装了一台城市人行道自动铲雪机，将其变成了为太阳能发电厂而优化的电动割草机。此前，太阳能发电厂靠汽油割草机除草。现在，这样一款绿色机器人能提高绿色能源的利用效率。同样，我们可以安排配备高级传感器的无人机检查海上或远处的风力涡轮机，在酿成严重后果之前及时发现故障。

机器人和人工智能也可以让我们与家的连接更紧密。我家有一栋完全脱离电网的房子。我们设计了一个集水系统，安装了太阳能电池板，将照射进来的阳光转化为电能。电池储存了电，我们可以随时使用，不必局限于阳光明媚的白天。最后，我们设计出一个程序，确定哪些系统可以使用，以及使用的时间。这需要我们做出一点儿牺牲——使用洗碗机时不能使用洗衣机和烘干机，但我们家是完全自给自足的，由可再生能源供电。这种完全脱离电网的住宅是一个原型，可在世界各地推广。但我们也可以开发一些方法，帮助更多人有效使用家庭电网。可以把房子想象成一个巨大的机器人系统，能自动打开和关闭耗能电器，并利用数字孪生给每栋建筑建模。我们可以看到在屋顶放置太阳能电池板的效果，甚至看到像我最喜欢的建筑——瑞士阿尔卑斯山的蒙特罗莎小屋一样脱离电网的光伏阳光房。屋内的电器可以根据需要启动。例如，冰箱可以一直打开，但供暖系统、空调系统、洗碗机和烘干机则根据需要和太阳能收集高峰时间段启动。

或许还可以移动房子，来收集尽可能多的能量。在房屋上安装太阳能电池板时，供应商首先查看的是屋顶相对于太阳在当地天空中移动路径的角度。并非所有房屋的屋顶都朝向最佳角度，因此不是所有房屋都适合安装太阳能电池板。但我们可以把任何东西变成机器人，包括太阳能电池板，甚至房屋。我们可以考虑建造屋顶太阳能电池板机器人，改变其位置，确保它可以尽可能多地吸收阳光。对于树木繁茂地区的房屋，太阳能电池板机器人可以四处行驶，让自己停在空地或阳光明媚的地方，捕获照射进来的太阳辐射，将电力存储或传送到家中。美国国家航空航天局（NASA）的漫游车在数千万英里之外的行星上做着类似的工作，该技术应用于家庭只涉及经济和一些简单的工程问题。

假设我们提高了能源使用效率，优化了从可再生能源获取能源的能力，仍需要更好的电力存储方式，以便我们能按需使用电力，而不只是在阳光照射到太阳能电池板机器人时使用。方兴未艾的电动汽车推动了电池研究的发展，科学家和公司竞相开发更先进的技术——能量储存更大、续航能力更强的电池。经济竞争、消费者需求、新材料研究和电池设计新方法将共同推动其发展、取得巨大的进步。我们终将拥有续航里程达 1 000 英里的电动飞机和电动汽车。只要我们关注发电、存储和消耗等重要问题，创造性地思考如何在机器人和人工智能的帮助下寻找解决方案，上述了不起的成就都可以一一实现。

可持续发展

机器人不会如魔法般阻止气候变化，但可以成为解决方案的一部分。人类导致的气候变化影响广泛，消减影响的方法也很多。改变消费模式、减少碳足迹至关重要，但我们应该探索减缓、阻止甚至扭转气候变化的方法，同时最大限度地减少或消除潜在的负面影响。一种存有争议的方法叫作“气候工程”，争议的部分原因是，大规模改造可能会促使人们恢复旧习惯，重返高碳生活方式。另一个风险是改造的过程中可能会出现问题，或者造成意想不到的后果，也就是所谓的解决方案弊大于利。但我认为，苟且偷安的风险非常大。比如说地球变暖问题。太阳这颗巨大且健康的恒星不断以太阳辐射的形式向地球发送能量。阳光中的部分能量照射到地表，以热量的形式散发出来。纵观近代人类历史，大部分时间，这些热量的有益成分消散到了太空中。现在，由于大气中二氧化碳含量过高，地表附近滞留了过多的热量。我们需要保留其中的一些。如果所有热量都散到太空中，地球将变成一个寒冷、荒凉的冰雪世界。但是，如果大气层吸收了过多的热量，温度就会上升，气候就会发生变化，海平面会上升，地球对今天的大多数人来说就不那么宜居了。为什么不减少照射在地球上的阳光量呢？

这并不是一个新想法。研究者提出了不同的阻挡或减少阳光的技术，包括发射带有可展开遮光板的航天器。其中的数学验证很有说服力：我们如果反射 1.8% 的射向地球的太阳辐射，就可以扭转全球变暖的局面。[2]遗憾的是，到目前为止，所有的解决方案都不完美，要么太复杂，要么太持久——如果将一把技术性遮阳伞罩在地球的部分上空，那么我们要能轻松地收回它。这是地球工程的主要风险之一：过程一旦开始就无法停止。任何可行的地球工程解决方案都要保持可控甚至可逆。我们要能根据需要按下暂停键，或者在工作完成后撤销工程解决方案。卡洛·拉蒂是麻省理工学院研究团队的负责人，我曾是其团队成员，他提出了由多个薄膜气泡构建遮阳伞的方案。气泡可以由绕轨道运行的航天器在太空中生成，但它们仍然受到地球引力的束缚。如果将数以万计的气泡连接在一起，面积与巴西相当，其功能就类似于地球的遮阳伞，可阻挡一小部分射入的阳光。重要的是，我们可以利用简单的机器人来控制气泡的位置(例如，将热量从北极反射出去)，或者在项目达到预期效果后销毁气泡。

我们还可以考虑如何去除空气中的二氧化碳以减少吸热效应。世界各地的研究团体、公司和初创公司都在探索一种被称为“碳固存”的技术，它比气泡组成的遮阳伞更自然、更常见。树木从空气中吸收二氧化碳，将碳固定在树干和周围的土壤中，并排出氧气，碳固存其实就是利用技术来发挥树木等光合生物的功能。我的实验室位于弗兰克·盖里设计的斯塔塔中心，那是波士顿最怪异、最让人心动的建筑之一。它的魅力也许来自波浪状的金属外壳；也许来自其内部的研究工作，包括同事比尔·弗里曼制作的视频，他利用机器学习放大所有建筑物的细微运动。但我不再只从新奇的角度看待建筑物，或许是因为我创造了悉尼歌剧院的机器人版，或许是因为我在新加坡看到许多建筑物都覆盖着植物，又或许是所有体验带来的思维转变。最近，我一直在思考如何将树木的固碳和光合特性赋予建筑物。有时，穿行在城市中，我会想象成群的小型太阳能机器人在屋顶、外墙，甚至桥梁和高速公路立交桥等建筑上移动，进行人工光合作用，从空气中吸收二氧化碳，将碳沉积到建筑底层以增强其强度，顺便排放氧气。

绕轨道运行的太空气泡和光合作用机器人并不能解决气候危机，我不推荐这些做法。但我们应该敢于通过开发和讨论创造性机器人的应用来解决气候危机。我们还应关注地球健康的其他方面，尤其是水域健康。

更清洁的水域

近年来，一度繁荣的水产养殖业重新焕发了活力，这不仅是因为人类对牡蛎和其他贝类的需求。在清洁海洋方面，双壳类动物做得非常棒。它们吞入海水，过滤，然后排出，吸收碳、氮和其他营养物质来滋养外壳和身体。这增进了地球的健康，因为在许多水域中这些营养物质都是过剩的。多年来，人类的农业活动向水域中排放了过多的氮，天空向大海排放了过多的二氧化碳，改变了海洋的酸度，影响到各类海洋生物。那么，为什么需要机器人？我们当然可以养殖更多的牡蛎，也应该这样做，但还可以研究双壳类动物过滤海水的生物机制，优化其过程，在更大范围内复制其影响。（做一个类比：信鸽可以运送小物件，但 Zipline 无人机的效果更好。）牡蛎机器人是天然海洋过滤器的机械变体，可以提供相同的核心功能，即从海水中吸收碳和氮，而且效率更高。

无处不在的塑料和微塑料是严重威胁海洋和淡水健康的另一因素——衣服上的小碎片被洗衣机洗掉，经过下水道流入海洋。每年有 480 万至 1 270 万吨塑料碎片流入海洋。[3] 目前，海洋中大大小小的塑料碎片有 5.25 万亿块，每平方英里水域中有 46 000 块。这是一个悲剧。我们的责任不仅是减少甚至阻止未来的污染，还要清理眼下的乱局。我们可以制造牡蛎机器人，让它们过滤掉微塑料，或者专门针对该应用进行设计。贝类机器人可以固定在主要水道或河流三角洲的水底，在淡水流入海洋之前实施清洁。牡蛎机器人不会像其天然模型那么美味，海水的腐蚀性肯定会给设计和工程带来严峻挑战，但人类充满智慧、足智多谋，只要用心探索，就能找到利用芯片的方法，开发出机械化双壳类动物，在一定程度上扭转对海洋环境的破坏。

地球上的探索

我们必须将机器人和人工智能作为科学发现的工具，推动人类知识的进步。机器人和人工智能可以帮助我们看到自身看不到的、需要看到的以及想看到的东西。长期以来，科学家一直利用显微镜观察微小的物体。乌萨马·卡提布及其学生在斯坦福大学设计了人形机器人“海洋Ⅰ号”，其开发目标是潜入超出人类舒适深度的深海，为研究红海深处的珊瑚礁和地中海的沉船，以及监测世界各地海洋系统的健康状况服务。“海洋Ⅰ号”拥有灵活的双手和人形面孔，是远程引航员的“化身”。乌萨马带领团队成功完成了许多项目，在这些项目中，机器人发现了不少海底珍宝，研究人员借此可深入了解数百年前的事件。

我们还可以探寻哪些新领域？自伽利略时代以来，望远镜越来越先进，人类一直用它观察更遥远的宇宙。展望未来，我希望我们继续利用机器人和人工智能加深对自然世界和人类自身的理解。我们建造蛇形机器人、蠕虫机器人、海龟机器人和猎豹机器人，不仅扩展了机器人领域的知识，还了解了大量与工作相关的生物模型知识，我们对这些生物的欣赏有增无减。在研究大自然以获得灵感的过程中，我经常想起鲸鱼生物学家罗杰·佩恩的工作。罗杰努力普及他心爱的水生物种，部分原因是，人类想在健康、安全的环境中生存下去，物种的多样性至关重要。我希望机器人专家的工作可以进一步推动该事业的发展，促使人们继续关注自然生物非凡的能力，无论它们小巧如蜜蜂、蟑螂，还是雄伟如鲸鱼或红杉。

对具身智能或移动的高级物种的研究旨在帮助我们建造智能、灵敏的机器，也让我们了解到有关人类智慧的许多知识，以及大脑与能力非凡的身体协同工作的方式。麻省理工学院的乔什·特南鲍姆在研究幼儿和学龄前儿童的大脑，希望开发出具有相同功能的机器。麻省理工学院“大脑、心智和机器研究中心”在探索有关智能的科学与工程，即大脑的工作原理，以及在设计和制造功能更强大的机器时如何应用这些原理。这项工作促进了科学发现，为最深刻的科学问题提供了有趣的新视角：人类智能的本质是什么？我们是唯一能创造出人工智能和机器人等工具的复杂物种，拥有这些技能意味着我们要肩负起责任，不仅要对人类负责，也要对地球上的其他物种负责。所有生物都在这个充满活力的行星上不断进化，我们要开发出更多的方法，让人工智能和机器人为地球服务。我们应该对人类、对其他物种以及地球承担起责任。

太空探索

但我们也不能忽视了星星！伽利略用他的望远镜发现了木星的卫星，包括木卫二。在这迷人的行星体冰冷的外壳下蕴藏着一片深海，现代科学家正在设计机器人，登陆这个遥远的世界，寻找外星生命的迹象。机器人会成为太空探索的重要一环，不仅如此，各种尺寸、形状和材料的智能机器将拥有越来越强的能力，它们的快速发展将带来前所未有、难以想象的机会。我们可以向月球或火星发送材料，然后在遥远的星球上部署能够建造人类前哨站的自主机器，为宇航员提供安全居所。但我们不应该将想象力局限在太阳系的行星、卫星和小行星上，而应该把目光投向太阳系之外的星球，设计出由机器人主导的、到邻近的恒星系统探索的任务，开发出人工智能增强的星际探测器，探索宇宙中最伟大的科学奥秘。我们对太空探索机器人的设计梦想应该像宇宙本身一样宏大。

真理与民主

我的叔叔是一位哲学家，也是退休的大学教授。2022 年，在一次欧洲之旅中，我曾与他小聚。晚餐期间，我们就政治和国际事件以及各方立场进行了思考，展开了一场关于真理本质的对话。叔叔说，在哲学中有不同的“真理理论”。其中一个理论我特别认同，那就是“真理的对应理论”。根据柏拉图和亚里士多德的定义，它指的是我们的陈述与世界上的事实之间的关系，我们可以将其视为科学和事实的真理。

那么，这与机器人和人工智能有什么关系呢？真理的对应理论提倡“让一切如其所是”，我认为该理论亟待普及。我们可以利用机器人和人工智能来限制当权者对公民的信息屏蔽。此前，我讨论了一种可能性：让无人机在公共场所传递信息，播放实时视频或数字视频，让人们了解更多真相，而不只是看到由国家控制的、经过编辑的新闻。独立的国际性连通源将是一个潜在的强大信息来源，比如，由 Alphabet 股份有限公司赞助的 Project Loon 项目，利用高空气球将互联网信号传输到偏远地区。我希望类似的项目能够重新活跃起来，并落地生根。人们普遍对深伪（deep fake）技术的使用抱有合理的担忧。深伪是利用人工智能生成超现实但虚假的音频和视频片段，例如对前众议院议长南希·佩洛西的伪造视频。我们可以利用技术提供解决方案，检测深伪，留住真相。研究人员建议使用数字水印技术来验证视频或音频文件的有效性，揭露深伪。我们还可以使用在数百万张图像基础上训练的同一种人工智能解决方案和机器学习模型，识别图像相对于原始或合法样本的扰动或变化。我的好友汉尼·法里德是加州大学伯克利分校的数字取证专家，他正在该领域开展重要的研究工作。他已证明，虽然可以利用人工智能篡改图像和视频，或生成全新的真实模拟，但同样可以利用人工智能来证明内容是伪造的。

诚然，一个人必须对真理的对应理论感兴趣才会关注这些事情，而那些徘徊在“回音室”里的人往往心甘情愿留在那里。他们不想听到相反的事实或想法，我不确定这些人会不会受到影响，但我们可以利用机器人让更多的人自己发现信息、寻求真相。几年前，我和维杰·库马尔、桑吉夫·辛格提出了一个略激进的建议——在谷歌上搜索物理信息。[4] 用谷歌搜索时，我们通常输入一个搜索词或问题，然后得到一列加载了信息的搜索页面。这是一种数据寻宝活动。如果可以远程操纵机器人在现实世界中寻找信息会怎样？从某种意义上说，我们用网络摄像头改变了静态搜索。通过浏览器，你可以查看世界其他地方的实时场景。如果网络摄像头安装了轮子，在你的操控下可以更详细地查看实时的周围环境呢？早上，滑雪者可以操作无人机在雪坡上近距离观察刚刚落下的雪。制造厂经理可以远程检查设施，确定潜在的问题区域。回到国际信息误传的例子，身处信息管控国家的公民可以通过谷歌搜索现实世界，亲自了解境外真实发生的事情。

智能机器并不能解决所有问题。但我坚信，当人类作为一个群体、社会或物种面临重大问题或挑战时，机器人和人工智能应该成为潜在的解决方案的一部分。我的思想肯定是朝这方面转变的。我情不自禁地想象有一个可以解决几乎所有难题的机器人——从整理凌乱的客厅这类日常小事到探寻真理本质这类大问题。我希望我的读者、现任领导者和未来的领导者能从这种思考方式中找到灵感。

结语

机器人之梦

这是一本关于梦想的书。小时候，我梦想有个机器人能让我一跃而起，跳得比那些高个子朋友的身高还要高。如今，我想迎接更大的挑战。我的某些解决方案可能太超前，近期无法实现。我们的世界不一定会充斥着为扩大互联网接入而在平流层漂移的机器人，或为收集微塑料而在海中游动的机器人。我的某些想法可能会走出实验室，进入现实世界；其他想法可能仅仅作为技术相关的梦境留在我的脑海里。尽管如此，我依然在做着机器人之梦。

人工智能和机器人是否有助于人类的认知和体力工作，能让我们的生活变得更美好？我认为答案是肯定的。这是否会带来潜在的风险，使许多人面临失业和生活方式的重大改变？肯定会的。它是否会产生无法预见的影响，甚至可能影响人类的大脑和智力的本质？几乎可以确定。在智能机器的建造及其对社会影响的探索中，我们意识到有许多问题需要回答。不过，我明确知道，而且可以肯定的是，作为一个物种，我们面临着巨大的机遇。人类是具有惊人能力和独特智慧的生命形式。心灵真的很了不起，对机器人和人工智能的研究只会让我更加敬佩人类。与此同时，我们如今能利用机器人和机器智能做的事情也非常多。几十年来，我一直在机器人和人工智能领域中探索，这个过程让我意识到，关于技术和人类自身仍有很多知识要学习——缺乏引导的强大技术会产生影响，在其影响尚未发挥作用之前，我们必须尽快回答这些问题。毕竟，我们对地球及地球上的一切生物负责——从子孙后代到与我们共同生活在地球上的所有动植物。人类是唯一有意识、有能力建造非凡工具的高级物种，这是一种荣幸，但也意味着我们有责任充分利用机器人这个工具，确保芯片为人类服务。是的，我是一个乐观主义者，现在的许多技术已与魔法无异。机器人在火星上空飞行，在城市的街道上行驶，在深海探测，在医院做手术。它们协助工厂包装货物，它们分类回收垃圾、烤饼干、梳头发。我们可以利用机器人增强自己的力量，扩大自身抵达和感知的范围，甚至提高自己塑造世界的能力。看似魔法的东西实际上是人类构思的数学模型、算法、设计和新材料的混合体。

今天的技术已经非常先进，令人赞叹不已。明天，它们能做的事情更多——芯片为人类服务，与人类一起工作，让我们有能力完成漫画书和科幻故事中想象不到的事情。我们要小心谨慎，对技术加以控制。关于机器人复仇的好莱坞故事都是虚构的，但具有启发性，它们提醒我们，机器人增强的未来不会完全按照我们的设想发展，我们必须努力想象、预测和开发不良结果的防范方法。但如果我们全社会、全人类精诚团结，共同努力塑造和引导机器人增强的未来，我相信，我们可以利用机器人为全人类开创更美好的明天。

也许我是一个梦想家，一个满脑子都是算法的空想家。这可能有其合理性。但如果我们不去想象和规划如何利用技术建设更美好的世界，那么开发这些技术的意义何在？

致谢

感谢我们的编辑约翰·格鲁斯曼、海伦·托曼德斯以及 W. W. Norton 优秀的团队成员。感谢以下人员对书稿提出了敏锐而深刻的反馈意见，他们是戴维·米德尔、苏珊·伯杰、迈克尔·布雷迪爵士、肯·索尔兹伯里、丽兹·雷诺兹、玛赛特·沃娜、唐纳德·拜、詹妮弗·卡尔森。非常感谢詹妮弗·乔及其 CAA 团队牵头并支持该项目，感谢他们对本书的信任。

深深感谢我的研究生、博士后和合作者，他们一直是我的合作伙伴，与我一起努力将想法和项目付诸实践。感谢我的学生：亚历山大·阿米尼（2022）、布兰登·阿拉基（2021）、伊丽莎白·巴沙尔（2010）、乔纳森·布雷丁（2001）、赛克·贝加尔（2021）、蔡薇薇（现任学生）、陈莉莉（2023）、约瑟夫·德尔普雷特（2021）、阿贾伊·德什-潘德（2008）、卡里克·德特韦勒（2011）、马雷克·多尼克（2012）、罗伯特·菲奇（2004）、斯蒂芬妮·吉尔（2014）、凯尔·吉尔平（2012）、布莱恩·朱利安（2013）、罗伯特·卡茨施曼（2018）、艾娃·克纳伊安（2010）、基思·科泰（2004）、李群（2004）、卢卡斯·李本未（2021）、塞乔恩·林（2012）、诺埃尔·鲁（现任学生）、安德鲁·马切斯（2014）、克雷格·麦格雷（2005）、威尔·诺顿（现任学生）、泰迪·奥特（2022）、叶卡捷琳娜·佩列科夫（2001）、约翰·罗曼尼申（2009）、麦克·施瓦格（2009）、蒂姆·赛德（2021）、帕斯卡·斯皮诺（2021）、辛西娅·宋（2016）、波琳娜·瓦尔沙夫斯卡娅（2007）、尤柳·瓦西莱斯库（2009）、米哈伊尔·沃尔科夫（2016）、马塞特·沃纳（2010）、尹承国（2011）、威尔克·施瓦廷（2021）、约翰逊·王（现任学生）、彼得·沃恩（现任学生）、张安南（现任学生）。感谢我的博士后：诺拉·阿亚尼亚，斯特凡·博纳迪、詹姆斯·伯恩、史蒂文·塞隆、崔昌贤、尼古拉斯·科雷尔、科西莫·德拉-圣蒂那、杜欣欣、穆罕默德·多加尔、丹·费尔德曼、伊戈尔·吉尔-伊琴斯基、拉明·哈萨尼、乔西·休斯、金秉哲、罗斯·耐迫、哈里·朗、马赛厄斯·莱希纳、李曙光、李晓、杰弗里·利普顿、艾拉·玛卢浮、若布·麦考迪、安库尔·梅塔、宫下修平、哈维尔·阿隆索·莫拉、卡格达斯·奥纳、塞达特·奥泽尔、连姆·保尔、扎克·帕特森、艾莉莎·皮尔森、盖·罗斯曼、麦克·施瓦格、哈伊姆·沙乌尔、史蒂文·史密斯、迈克·托利、爱德华多·托雷斯-贾拉、瑞安·特鲁比、克里斯蒂安·伊安·瓦西里、王尼克、王伟、肖卫、于京进。非常感谢你们与我们携手展开这次探索之旅。

特别感谢伊莎贝拉、杰奎琳和杰伊，他们阅读了本书初稿并提供了反馈意见。我的家人和朋友一直与我风雨同舟。感谢你们的厚爱与支持，感谢你们分享我的成功与拼搏，感谢你们与我一起踏上这非凡的旅程。

丹妮拉·鲁斯

注释

导言

1. Bonnie Prescott, "Better together," *Harvard Medical School News and Research*, June 22, 2016.

第1章　力量的延伸

1. Claudette Roulo, "10 things you probably didn't know about the Pentagon", *DOD News*, January 13, 2019.
2. Sam Chesebrough, Babak Hejrati, and John Hollerbach, "The Treadport: Natural gait on a treadmill," *Human Factors 61*, no.5 (2019): 736–48.
3. Carol A. Wamsley, Roshan Rai, and Michelle J. Johnson, "High-force haptic rehabilitation robot and motor outcomes in chronic stroke," *International Journal of Clinical Case Studies* 3 (2017): 121.
4. Louis N. Awad, Pawel Kudzia, Dheepak Arumukhom Revi, Terry D. Ellis, and Conor J. Walsh, "Walking faster and farther with a soft robotic exosuit: Implications for post-stroke gait assistance and rehabilitation," *IEEE Open Journal of Engineering in Medicine and Biology 1* (2020): 108–15.
5. Yves Zimmermann, Alessandro Forino, Robert Riener, and Marco Hutter, "ANYexo: A versatile and dynamic upper-limb rehabilitation robot," *IEEE Robotics and Automation Letters* 4, no.4 (2019): 3649–56.

6. Oluwaseun A. Araromi, Moritz A. Graule, Kristen L. Dorsey, Sam Castellanos, Jonathan R. Foster, Wen-Hao Hsu, Arthur E. Passy, et al., "Ultra-sensitive and resilient compliant strain gauges for soft machines," *Nature* 587, no.7833 (2020): 219–24.
7. Daniela Rus and Michael T. Tolley, "Design, fabrication and control of origami robots," *Nature Reviews Materials* 3, no.6 (2018): 101–12.
8. Shuguang Li, Daniel M. Vogt, Daniela Rus, and Robert J. Wood, "Fluid-driven origami-inspired artificial muscles," *Proceedings of the National Academy of Sciences* 114, no.50 (2017): 13132–37.
9. Scott Kirsner, "Lightening the load for warehouse workers," *Boston Globe*, June 19, 2022.
10. Thomas Malone, Daniela Rus, and Robert Laubacher, "Artificial intelligence and the future of work," report prepared by the MIT Task Force on the Work of the Future, Research Brief 17 (2020): 1–39.

第2章　感知的延伸

1. Daniel Gurdan, Jan Stumpf, Michael Achtelik, Klaus-Michael Doth, Gerd Hirzinger, and Daniela Rus, "Energy-efficient autonomous four-rotor flying robot controlled at 1 kHz," *Proceedings of the 2007 IEEE International Conference on Robotics and Automation*, 2007, 361–66.
2. Daniel Mellinger, Nathan Michael, and Vijay Kumar, "Trajectory generation and control for precise aggressive maneuvers with quadrotors," *International Journal of Robotics Research* 31, no.5 (2012): 664–74.
3. Theodore Tzanetos et al., "Ingenuity Mars helicopter: From technology demonstration to extraterrestrial scout," *2022 IEEE Aerospace Conference (AERO)*, 2022, 1–19.
4. Dario Di Nucci, Fabio Palomba, Damian A. Tamburri, Alexander Serebrenik, and Andrea De Lucia, "Detecting code smells using machine

learning techniques: Are we there yet?," *2018 IEEE 25th International Conference on Software Analysis, Evolution and Reengineering (SANER)*, 2018, pp.612–21.

5. Venky Harinarayan, Anand Rajaraman, and Anand Ranganathan, Hybrid machine/human computing arrangement, US Patent US7197459B1, 2001.
6. Oussama Khatib et al., "Ocean One: A robotic avatar for oceanic discovery," *IEEE Robotics & Automation Magazine* 23, no.4 (2016): 20–29.
7. Jeffrey S. Norris, Mark W. Powell, Marsette A. Vona, Paul G. Backes, and Justin V. Wick, "Mars Exploration Rover Operations with the Science Activity Planner," *Proceedings of the 2005 IEEE International Conference on Robotics and Automation*, 4618–23.
8. José Halloy et al., "Social integration of robots into groups of cockroaches to control self-organized choices," *Science* 318 (2007): 1155–58.
9. Iuliu Vasilescu, Paulina Varshavskaya, Keith Kotay, and Daniela Rus, "Autonomous modular optical underwater robot (AMOUR) design, prototype and feasibility study," *Proceedings of the 2005 IEEE International Conference on Robotics and Automation*, 1603–09.
10. Robert K. Katzschmann, Joseph DelPreto, Robert MacCurdy, and Daniela Rus, "Exploration of underwater life with an acoustically controlled soft robotic fish," *Science Robotics* 3, no.16 (2018).
11. Jacob Andreas, Gašper Beguš, Michael M. Bronstein, et al., "Toward understanding the communication in sperm whales," *iScience* 25, no.6 (2022).

第3章　时间的节约

1. Lucius Annaeus Seneca, *On the Shortness of Life*, trans.C.D.N.Costa (New York: Penguin, 2005), 1.
2. Dan Feldman, Cynthia Sung, Andrew Sugaya, and Daniela Rus, "iDiary:

From GPS signals to a text-searchable diary," *ACM Transactions on Sensor Networks* 11, no.4 (2015): 1–41.

3. Wilko Schwarting, Javier Alonso-Mora, and Daniela Rus, "Planning and decision-making for autonomous vehicles," *Annual Review of Control, Robotics, and Autonomous Systems* 1, no.1 (2018): 187–210.
4. "American Time Use Survey Summary," Economic News Release, US Bureau of Labor Statistics, June 23, 2022.
5. Bruce R. Donald, Christopher G. Levey, Igor Paprotny, and Daniela Rus, "Planning and control for microassembly of structures composed of stress-engineered MEMS microrobots," *International Journal of Robotics Research* 32, no.2 (2013): 218–46.
6. Kyle Wiggers, "Copilot, GitHub's AI-powered programming assistant, is now generally available," *TechCrunch*, June 21, 2022.
7. Alyssa Pierson, Cristian-Ioan Vasile, Anshula Gandhi, Wilko Schwarting, Sertac Karaman, and Daniela Rus, "Dynamic risk density for autonomous navigation in cluttered environments without object detection," *2019 International Conference on Robotics and Automation (ICRA)*, 5807–14.
8. Mario Bollini, Stefanie Tellex, Tyler Thompson, Nicholas Roy, and Daniela Rus, "Interpreting and Executing Recipes with a Cooking Robot," *Experimental Robotics: The 13th International Sym posium on Experimental Robotics* (Springer International Publishing, 2013), 481–95.
9. Jeremy Maitin-Shepard et al., "Cloth grasp point detection based on multiple-view geometric cues with application to robotic towel folding," *2010 IEEE International Conference on Robotics and Automation*, 2308–15.
10. Evan Ackerman, "Yes! PR2 very close to completing laundry cycle," *IEEE Spectrum*, November 20, 2014.
11. Charles Thorpe, Martial H. Hebert, Takeo Kanade, and Steven A. Shafer, "Vision and navigation for the Carnegie-Mellon Navlab," *IEEE Transactions*

on *Pattern Analysis and Machine Intel igence* 10, no.3 (1988): 362–73.

第4章　精准度的提高

1. Kevin Y. Ma, Samuel M. Felton, and Robert J. Wood, "Design, fabrication, and modeling of the split actuator micro-robotic bee," *2012 IEEE/RSJ International Conference on Intel igent Robots and Systems*, 1133–40.
2. Keith Kotay and Daniela Rus, "The inchworm robot: A multifunctional system," *Autonomous Robots* 8, no.1 (2000): 53–69.
3. Elliot W. Hawkes, Eric V. Eason, David L. Christensen, and Mark R. Cutkosky, "Human climbing with efficiently scaled gecko-inspired dry adhesives," *Journal of the Royal Society Interface* 12, no.102 (2015): 20140675.
4. Sangbae Kim et al., "Smooth vertical surface climbing with directional adhesion," *IEEE Transactions on Robotics* 24, no.1 (2008): 65–74.

第5章　想象力的释放

1. Sehyuk Yim, Cynthia Sung, Shuhei Miyashita, Daniela Rus, and Sangbae Kim, "Animatronic soft robots by additive folding," *International Journal of Robotics Research* 37, no.6 (2018): 611–28.
2. Adriana Schulz, Cynthia Sung, Andrew Spielberg, Wei Zhao, Yu Cheng, Ankur Mehta, Eitan Grinspun, Daniela Rus, and Wojciech Matusik, "Interactive robogami: Data-driven design for 3D print and fold robots with ground locomotion," *SIGGRAPH 2015: Studio* 1 (2015): 1.
3. Joseph DelPreto and Daniela Rus, "Sharing the load: Human-robot team lifting using muscle activity," *2019 International Conference on Robotics and Automation (ICRA)*, 7906–12.
4. Kyle Gilpin, Ara Knaian, and Daniela Rus, "Robot pebbles: One centimeter modules for programmable matter through self-disassembly," *2010 IEEE*

International Conference on Robotics and Automation, 2485–92; and John W. Romanishin, Kyle Gilpin, and Daniela Rus, "M-blocks: Momentum-driven, magnetic modular robots," *2013 IEEE/RSJ International Conference on Intel igent Robots and Systems*, 4288–95.

5. Keith Kotay, Daniela Rus, Marsette Vona, and Craig McGray, "The self-reconfiguring robotic molecule," *Proceedings of the 1998 IEEE International Conference on Robotics and Automation* (Cat.No.98CH36146), vol.1, 424–31; and Daniela Rus and Marsette Vona, "Crystalline robots: Self-reconfiguration with compressible unit modules," *Autonomous Robots* 10 (2001): 107–24.
6. John W. Romanishin, Kyle Gilpin, Sebastian Claici, and Daniela Rus, "3D M-Blocks: Self-reconfiguring robots capable of locomotion via pivoting in three dimensions," *2015 IEEE International Conference on Robotics and Automation* (ICRA), 1925–32.
7. Kyle Gilpin, Keith Kotay, Daniela Rus, and Iuliu Vasilescu, "Miche: Modular shape formation by self-disassembly," *International Journal of Robotics Research* 27, no.3–4 (2008): 345–72.
8. Peter Stone and Manuela Veloso "Layered approach to learning client behaviors in the robocup soccer server," *Applied Artificial Intelligence* 12, no. 2–3 (1998): 165–88.
9. Shuguang Li and Daniela Rus, "JelloCube: A continuously jumping robot with soft body," *IEEE/ASME Transactions on Mechatronics* 24, no.2, (2019): 447–58.
10. Wei Wang, Banti Gheneti, Luis A. Mateos, Fabio Duarte, Carlo Ratti, and Daniela Rus, "Roboat: An autonomous surface vehicle for urban waterways," *2019 IEEE/RSJ International Conference on Intel igent Robots and Systems (IROS)*, 6340–47.

第6章 视野的拓展

1. Ce Liu et al., “Motion magnification,” *ACM Transactions on Graphics* 24, no.3 (July 2005).
2. Fadel Adib and Dina Katabi, “See through walls with WiFi!,” *Proceedings of the ACM SIGCOMM 2013 Conference on SIGCOMM (SIGCOMM ’13)*, Association for Computing Machinery, 75–86.
3. Adam Conner-Simons, “Device for nursing homes can monitor residents’ activities with permission (and without video),” *MIT CSAIL News*, August 25, 2020.
4. Katherine L. Bouman, Vickie Ye, Adam B. Yedidia, Frédo Durand, Gregory W. Wornell, Antonio Torralba, and William T. Freeman, “Turning corners into cameras: Principles and methods,” *Proceedings of the IEEE International Conference on Computer Vision*, 2017, 2270–78; and Felix Naser, Igor Gilitschenski, Guy Rosman, Alexander Amini, Fredo Durand, Antonio Torralba, Gregory W. Wornell, William T. Freeman, Sertac Karaman, and Daniela Rus, “Shadowcam: Real-time detection of moving obstacles behind a corner for autonomous vehicles,” *2018 21st International Conference on Intelligent Transportation Systems (ITSC)*, 560–67.
5. Felix Naser, Igor Gilitschenski, Alexander Amini, Christina Liao, Guy Rosman, Sertac Karaman, and Daniela Rus, “Infrastructure-free NLoS obstacle detection for autonomous cars,” *2019 IEEE/RSJ International Conference on Intelligent Robots and Systems* (2019): 250–57.
6. Virginia Harrison, “The blind woman developing tech for the good of others,” *BBC News*, December 7, 2018.
7. Dragan Ahmetovic, Cole Gleason, Chengxiong Ruan, Kris Kitani, Hironobu Takagi, and Chieko Asakawa, “NavCog: A navigational cognitive assistant for the blind,” *Proceedings of the 18th International Conference on Human–Computer Interaction with Mobile Devices and Services*, 2016,

90–99.

8. "Q & A with an accessibility research pioneer: Chieko Asakawa," *IBM Cognitive Advantage Reports*, https://www.ibm.com/watson/advantage-reports/future-of-artificial-intelligence/chieko-asakawa.html. Accessed May 24, 2023 .

9. Robert K. Katzschmann, Brandon Araki, and Daniela Rus, "Safe Local Navigation for Visually Impaired Users with a Time-of-Flight and Haptic Feedback Device," *IEEE Transactions on Neural Systems and Rehabilitation Engineering* 26, no.3 (2018): 583–93.

第7章 微观的精妙

1. Alessandro Gasparetto and Lorenzo Scalera, "From the Unimate to the Delta robot: The early decades of Industrial Robotics," Explorations in the History and Heritage of Machines and Mechanisms: *Proceedings of the 2018 HMM IFToMM Symposium on History of Machines and Mechanisms*, 2019, 284–95.

2. Matthew T. Mason and J. Kenneth Salisbury, *Robot Hands and the Mechanics of Manipulation* (Cambridge, MA: MIT Press, 1985).

3. Gary S. Guthart and J. Kenneth Salisbury, "The Intuitive/sup TM/ telesurgery system: Overview and application," *Proceedings of the 2 000 ICRA Millennium Conference, IEEE International Conference on Robotics and Automation*, vol.1, 618–21.

4. Phillip Mucksavage et al., "The da Vinci® Surgical System overcomes innate hand dominance," *Journal of Endourology* 25, no.8 (August 2011): 1385–88.

5. Shuhei Miyashita, Steven Guitron, Kazuhiro Yoshida, Shuguang Li, Dana D. Damian, and Daniela Rus, "Ingestible, controllable, and degradable origami robot for patching stomach wounds," *2016 IEEE International Conference*

on Robotics and Automation (ICRA), 2016, 909–16.

6. Details available at https://gray .mgh .harvard .edu/jobs/295-compact-proton-therapy-system-project-opportunities-for-students-and-postdocs . Accessed May 24, 2023.
7. Thomas Buchner, Susu Yan, Shuguang Li, Jay Flanz, Fernando Hueso-González, Edward Kielty, Thomas Bortfeld, and Daniela Rus, "A soft robotic device for patient immobilization in sitting and reclined positions for a compact proton therapy system," *2020 8th IEEE RAS/EMBS International Conference for Biomedical Robotics and Biomechatronics (BioRob)*, 2020, 981–88.
8. Thomas R. Bortfeld and Jay S. Loeffler, "Three ways to make proton therapy affordable," *Nature* 549 (September 2017): 451–53.
9. "John Deere Reveals Fully Autonomous Tractor at CES 2022," John Deere Company news release, January 4, 2022.

第8章　机器人的建造

1. Daniela Rus and Michael T. Tolley, "Design, fabrication and control of soft robots," *Nature* 521, no.7553 (2015): 467–75.
2. Adobe Acrobat Team, "Fast forward— comparing a 1980s supercomputer to the modern smartphone," *Adobe Blog: Future of Work*, November 8, 2022.

第9章　机器人的思考

1. https://ventitechnologies.com.Accessed September 25, 2023.
2. "Image Classification on ImageNet," *Papers with Code*.https://paperswithcode.com/sota/image-classification-on-imagenet.Accessed February 16, 2023.
3. Andrew J. Hawkins, "Car companies will have to report automated vehicle

crashes under new rules," *The Verge*, June 29, 2021.

4. Lindsay Brooke, "LiDAR giant," *Autonomous Vehicle Engineering*, October 2018.
5. civilmaps.com.
6. planet.openstreetmap.com.
7. Zhi Yan et al., "Online learning for human classification in 3D LiDAR-based tracking," *Proceedings of the 2017 International Symposium on Intelligent Robot Systems*, 864–71.
8. Stephen Edelstein, "Audi gives up on Level 3 autonomous driver-assist system in A8," *Motor Authority*, April 28, 2020.
9. Wilko Schwarting, Javier Alonso-Mora, Liam Pauli, Sertac Karaman, and Daniela Rus, "Parallel autonomy in automated vehicles: Safe motion generation with minimal intervention," *2017 IEEE International Conference on Robotics and Automation (ICRA)*, 2017, 1928–35.

第10章 触觉中的大脑

1. Mario Bollini, Stefanie Tellex, Tyler Thompson, Nicholas Roy, and Daniela Rus, "Interpreting and Executing Recipes with a Cooking Robot," *Experimental Robotics: The 13th International Symposium on Experimental Robotics* (Springer International Publishing, 2013), 481–95.

第11章 机器人的学习

1. Zi Wang, Caelan Reed Garrett, Leslie Pack Kaelbling, and Tomás Lozano-Pérez, "Learning compositional models of robot skills for task and motion planning," *International Journal of Robotics Research* 40, no.6–7 (2021): 866–94.
2. John Oberlin and Stefanie Tellex, "Autonomously acquiring instance-based object models from experience," Robotics Research 2 (2018): 73–90.

3. Will Knight, "How Robots can quickly teach each other to grasp new objects," *MIT Technology Review,* November 17, 2015.
4. OpenAI, "Solving Rubik's Cube with a robot hand," October 15, 2019.
5. https://waymo .com/waymo -driver .Last accessed February 16, 2023.
6. Will Knight, "OpenAI's CEO Says the Age of Giant AI Models Is Already Over," *Wired*, April 17, 2023.
7. Lisa Rice and Deidre Swesnik, "Discriminatory effects of credit scoring on communities of color," *Suffolk University Law Review* 46 (2012): 935.
8. Adam Zewe, "Can machine-learning models overcome biased datasets?" *MIT News Office*, February 21, 2022.
9. Tom Abate, "Stanford, Umass Amherst develop algorithms that train AI to avoid specific misbehaviors," *Stanford News*, November 21, 2019.
10. Mathias Lechner, Ramin Hasani, Alexander Amini, Thomas A. Henzinger, Daniela Rus, and Radu Grosu, "Neural circuit policies enabling auditable autonomy," *Nature Machine Intelligence* 2, no.10 (2020): 642–52.
11. Makram Chahine, Ramin Hasani, Patrick Kao, Aaron Ray, Ryan Shubert, Mathias Lechner, Alexander Amini, and Daniela Rus, "Robust flight navigation out of distribution with liquid neural networks," *Science Robotics* 8, no.77 (2023).
12. Donald L. Riddle, Thomas Blumenthal, Barbara J. Meyer, and James R. Priess, C.*Elegans II* (Cold Spring Harbor Laboratory Press, 1997).

更多专业知识

1. Edward Johns, "Coarse-to-fine imitation learning: robot manipulation from a single demonstration," arXiv:2105.06411.
2. https://waymo .com .Last accessed February 16, 2023.
3. Liane Yvkoff, "With acquisition of latent logic, waymo adds imitation learning to self-driving training," *Forbes*, December 12, 2019.

4. Jonathan Ho, Ajay Jain, and Pieter Abbeel, "Denoising diffusion probabilistic models," *Advances in Neural Information Processing Systems* 33 (2020): 6840–51.

第12章　未来之路

1. Ben Dickson, "Tesla AI chief explains why self-driving cars don't need lidar," *VentureBeat*, July 3, 2021.

第13章　机器人可以是问题本身，也可以是解决方案

1. "CDC Museum COVID-19 Timeline," https://www .cdc .gov/museum/timeline/covid19 .html .Last accessed February 15, 2023.
2. Reinhard Laubenbacher et al., "Building digital twins of the human immune system: Toward a roadmap," *NPJ Digital Medicine* 5, no.14 (2022): 64.
3. Bernhard Schölkopf, "Causality for machine learning," December 23, 2019, arXiv:1911.10500v2.
4. Emma Strubell et al., "Energy and policy considerations for deep learning in NLP," June 5, 2019, arXiv:1906.02243.

第14章　机器人的风险与容错机制

1. Charlie Miller, "Lessons learned from hacking a car," *IEEE Design & Test* 36, no.6 (December 2019).
2. Judith Jarvis Thomson, "The trolley problem," *Yale Law Journal* 94, no.6: 1395–1415.
3. " 'Seraph' wins Best Robot Actor Award," *MIT CSAIL News*, July 18, 2012.
4. Nikolaos M. Siafakas, "Do we need a Hippocratic Oath for artificial intelligence scientists?," *AI Magazine* 42, no.4 (Winter 2021).

第15章　机器人改变的工作格局

1. Richard Wike and Bruce Stokes, "In Advanced and Emerging Economics Alike, Worries About Job Automation," Pew Research Center, September 13, 2018.
2. US Bureau of Labor Statistics, "Growth trends for selected occupations considered at risk from automation," *Monthly Labor Review*, July 2022.
3. Philippe Aghion et al., "The Effects of Automation on Labor Demand: A Survey of the Recent Literature," CEPR Discussion Paper No.DP16868, January 1, 2022.
4. Daisuke Adachi, "Robots and employment: Evidence from Japan, 1978–2017," *Journal of Labor Economics* 41, no.1 (January 2023).
5. Suzanne Berger and Benjamin Armstrong, "The puzzle of the missing robots," *MIT Schwarzman College of Computing Case Studies*, Winter 2022.
6. "Economists are revising their views on robots and jobs," *Economist*, January 22, 2022.
7. Daron Acemoglu, *Introduction to Modern Economic Growth* (Princeton, NJ: Princeton University Press, 2009).
8. Paul R. Daugherty and H. James Wilson, *Human+Machine:Reimagining Work in the Age of AI* (Cambridge, MA: Harvard Business Review Press, 2018).
9. David Autor et al., "New Frontiers: The Origins and Content of New Work, 1940–2018," Massachusetts Institute of Technology (MIT) Blueprint Labs, 2021.
10. James Manyika, "Automation and the future of work," *Milken Institute Review*, October 29, 2018.
11. The research findings are publicly available at workofthefuture.mit.edu.
12. Michael R. Blood, "Biden plan to run Los Angeles port 24/7 to break

supply chain backlog fal s short," Associated Press, November 16, 2021.

13. World Economic Forum, *The Future of Jobs Report* 2020, 5.
14. Chawin Ounkomol et al., "Label-free prediction of three-dimensional fluorescence images from transmitted-light microscopy," *Nature Methods* 15 (2018): 917–20.
15. World Economic Forum, *The Future of Jobs Report 2020*, viii.
16. World Economic Forum, *The Future of Jobs Report* 2020, 59.
17. "Harvard scientists launch breakthrough AI and robotics tech company, Kebotix, for rapid innovation of materials," *Business Wire*, November 7, 2018 .
18. H. James Wilson and Paul R. Daugherty, "Why even AI-powered factories will have jobs for humans," *Harvard Business Review*, August 8, 2018.
19. Sree Ramaswamy et al., "Making it in America: Revitalizing US Manufacturing," McKinsey Global Institute Report, November 13, 2017.
20. David Mindel , email to author, February 17, 2023.
21. Jeffrey D. Sachs, "Some brief reflections on digital technologies and economic development," *Ethics & International Affairs* 33, no.2 (Summer 2019): 159–67.
22. Details available at gpai.ai.

第16章 计算思维

1. Information available at https://www .deepmind .com/research/highlighted-research/alphafold .Last accessed February 16, 2023.
2. David Autor, David A. Mindell, and Elisabeth Reynolds, *The Work of the Future: Building Better Jobs in an Age of Intel igent Machines* (Cambridge, MA: MIT Press, 2022).
3. Alicia Boler Davis, "New Amazon program offers free career training in robotics," *Amazon News / Workplace*, January 27, 2021.

4. https://robotacademy .net .au/masterclass/introduction -to -robotics/ .Accessed May 24, 2023.

第17章　机器人的投资机遇

1. United Nations Department of Economic and Social Affairs, Population Division, "World Population Prospects 2022: Summary of Results."
2. More information available at https://senseable .mit .edu/space -bubbles.
3. Jenna Jambeck et al., "Plastic waste inputs from land into the ocean," Science 347, no.6223 (February 13, 2015).
4. Vijay Kumar, Daniela Rus, and Sanjiv Singh, "Robot and sensor networks for first responders," *IEEE Pervasive Computing 3*, no.4 (2004): 24–33.